Lecture Notes in Mathematics

A collection of informal reports and seminars
Edited by A. Dold, Heidelberg and B. Eckmann, Zürich

Series: Institut de Mathématique, Université de Strasbourg · Adviser: P. A. Meyer

39

Séminaire de Probabilités I
Université de Strasbourg

Novembre 1966 – Février 1967

1967

Springer-Verlag · Berlin · Heidelberg · New York

Library of Congress Catalog Card Number 67-29618. Printed in Germany. Title No. 7359.

SÉMINAIRE DE PROBABILITÉS 1966-67

On trouvera dans ce volume la moitié environ des exposés faits, pendant l'année universitaire 1966-67, au Séminaire de Probabilités de l'Université de Strasbourg. La seconde moitié (correspondant à peu près aux exposés faits pendant le second semestre) paraîtra ultérieurement, dans un autre volume de la même série. Afin de faciliter la lecture, on a inclus dans le premier tome tous les exposés consacrés aux intégrales stochastiques.

L'exposé fait en Février 1967 par M. H.BAUER (construction de semi-groupes de Markov en théorie axiomatique du potentiel, d'après des travaux de HANSEN) ne sera pas reproduit ici : un article de HANSEN sur ce sujet paraîtra prochainement aux <u>Inventiones Mathematicae</u> . De même, l'exposé de Ph. COURRÈGE sur les semi-groupes de FELLER sur une variété compacte sans bord n'a pas été rédigé, et ne paraîtra pas : on pourra consulter le Séminaire de Théorie du Potentiel (Séminaire BRELOT-CHOQUET-DENY) de 1965-66, ou un article à paraître aux <u>Annales de l'Institut Fourier</u>.

<u>Table des Matières</u>

Le second volume contiendra des exposés de J.AZÉMA, P.CARTIER, C.DOLÉANS, G.GIROUX, J.P.IGOT, J. de SAM LAZARO, P.A.MEYER .

DÉPARTEMENT DE MATHÉMATIQUE
STRASBOURG

Séminaire de Probabilités — Février 1967

SUR L'HARMONICITÉ DES FONCTIONS SÉPARÉMENT HARMONIQUES

(par V. Avanissian)

§ 1. D'après le célèbre théorème de Hartogs une fonction $f(z_1,\dots z_p)$ définie dans un domaine de $\mathbb{C}^n$ et analytique par rapport à chaque variable, les autres variables étant fixées, est analytique de l'ensemble des variables $z_1,\dots z_n$. Si on considère le même problème dans le cas réel, on n'a pas en général la même conclusion ; c'est à dire si $f(x_1,\dots x_p)$ est une fonction définie dans un domaine D de R^p et analytique par rapport à chaque variable x_j séparément, f n'est pas en général analytique de l'ensemble des variables $x_1,\dots x_p$, même si $|f|$ est borné sur tout compact de son domaine de définition. Les exemples suivants montrent la difficulté du problème :

Exemple 1 - La fonction

$$f(z) = u(x,y) + i\,v(x,y) = \begin{cases} \exp(-z^4) & \text{si } z \neq 0 \\ 0 & \text{si } z = 0 \end{cases} \qquad z = x + i\,y$$

est indéfiniment différentiable en x et en y séparément sans être continue à l'origine[si $z = r\exp(\frac{1}{4}\, i\pi) \to 0$, $f(z) = \exp(r^{-4}) \to \infty$]

Exemple 2 - Soient les boules

$$B_x(0,1) = \left\{ x = (x_1,\dots,x_p) \;\middle|\; \|x\|^2 = \sum_{j=1}^{p} x_j^2 < 1 \right\} \subset \mathbb{R}^p \qquad p \geq 1$$

$$B_y(0,1) = \left\{ y = (y_1,\dots,y_q) \;\middle|\; \|y\|^2 \sum_{j=1}^{q} y_j^2 < 1 \right\} \subset \mathbb{R}^q \qquad q \geq 1$$

La fonction :

$$f(x\,;\,y) = \begin{cases} \left(\dfrac{\|x\|^2 - \|y\|^2}{\|x\|^2 + \|y\|^2}\right)^{2n} & \text{si } \|x\| + \|y\| \neq 0 \quad n \in \mathbb{N} \\ 1 & \text{si } \|x\| + \|y\| = 0 \end{cases}$$

est analytique (réelle) de $x \in B_x$ pour tout $y \in B_y$ fixé et analytique de $y \in B_y$ pour tout $x \in B_x$ fixé. On a $|f| \leq 1$ dans $B_x \times B_y$, pourtant $f(x\,;\,y)$ n'est pas analytique de l'ensemble des variables x, y au voisinage de $x = 0$, $y = 0$ de l'espace $\mathbb{R}^{p+q} = \mathbb{R}^p \times \mathbb{R}^q$.

1 . 2 Néanmoins dans le cas réel on peut énoncer un théorème analogue à celui de Hartogs pour une certaine classe de fonctions réelles [8] et particulièrement pour la classe des fonctions $f(x_1, \ldots, x_p\,;\,y_1, \ldots, y_q)$ séparément harmoniques en $x = (x_1, \ldots, x_p)$ et en $y = (y_1, \ldots, y_q)$ dans un domaine $D = D_x \times D_y$, $D_x \subset \mathbb{R}^p$, $D_y \subset \mathbb{R}^q$.

On s'intéressera ici tout particulièrement à cette dernière classe de fonctions, introduite dans [2]. Rappelons que depuis le mémoire [2] la théorie des fonctions doublement harmoniques (resp. doublement sous harmoniques) a eu des développements fort intéressants notamment par M. M. Cairoli [5] et J. B. Walsh [11] dans le cadre de la théorie des probabilités et par K. Gowrisankaran [7] dans le cadre de la théorie axiomatique de Brelot.

1 . 3 Le but de cet exposé est la démonstration du théorème suivant, (qui entraîne celui de Hartogs complexe) où les fonctions harmoniques considérées sont celles de tout le monde.

<u>Théorème 1</u> - Une fonction

$$f(x\,;\,y\,;\,\ldots\,;\,w) = f(x_1, \ldots, x_p\,;\,y_1, \ldots, y_q\,;\,\ldots\,;\,w_1, \ldots, w_m)$$

définie dans le domaine

$$D = D_x \times D_y \times \ldots \times D_w \subset \mathbb{R}^p \times \mathbb{R}^q \times \ldots \times \mathbb{R}^m$$

et séparément harmonique par rapport à chaque groupe de variables x ; y ... w les autres groupes de variables étant fixés, est harmonique de l'ensemble des variables $x_1, \ldots x_p ; y_1, \ldots y_q ; \ldots ; w_1, \ldots, w_m$

Remarquons que, sous l'hypothèse supplémentaire : $|f|$ est bornée sur tout compact de D ; le théorème 1 est une conséquence directe de l'énoncé en vertu duquel une fonction f (x ; y ;... ; w) bornée supérieurement sur tout compact de D et sous-harmonique par rapport à chaque groupe de variables x ; y ; ... ; w séparément, est sous-harmonique de l'ensemble des variables ([2],Pour une généralisation voir [5]).

(Notons en passant qu'il est souhaitable d'étudier si dans ce dernier énoncé on peut se passer de l'hypothèse "bornée supérieurement sur tout compact". Signalons que cette condition peut être remplacée sans difficulté par "majorée sur tout compact par une fonction localement sommable" [1] .) La démonstration du théorème 1 sera faite en considérant $\mathbb{R}^p$ comme un sous ensemble de $\mathbb{C}^p$ et en s'appuyant sur un résultat de P. Lelong [8] . On peut sans restreindre la généralité se contenter de deux groupes de variables $x = (x_1, \ldots, x_p)$; $y = (y_1, \ldots y_q)$ et supposer que D est le produit des boules $B_x \subset \mathbb{R}^p$, $B_y \subset \mathbb{R}^q$ $(p \geqslant 2 , q \geqslant 2)$.

§ 2 . Proposition 1 [6] . Soit $U_t(x)$, $a < t < b$, une famille de fonctions sous-médianes (1) dans un domaine D de $\mathbb{R}^p$, uniformément majorée sur tout compact de D. S'il existe une fonction continue f (x) dans D telle que

$$\limsup_{t \to b} U_t(x) \leqslant f(x) ,$$

---

(1) La proposition est encore vraie pour la classe C_α de fonctions V (x) vérifiant :

(i) V (x) sommable sur tout compact de D

(ii) En tout point $x \in D$, $V(x) \leqslant A(V, x, r) + \alpha(r)$

où $\alpha(r)$ est une fonction positive définie pour $0 < r < r_o$ non décroissante et tendant vers zéro avec r. Pour $\alpha(r) = 0$, C_α est la classe de fonctions sous-médianes. Remarquons que si f (x) = cte la proposition est dûe à Hartogs.

alors à tout couple (K, ε) où K est un compact de D et $\varepsilon > 0$ un nombre arbitrairement petit, correspond $t_o(\varepsilon, K)$ tel que

$$U_t(x) \leq f(x) + \varepsilon \quad \text{pour tout } x \in K \quad \text{pour tout } t > t_o(\varepsilon, K)$$

Démonstration : Soit t_n une suite croissante de nombres tendant vers b. On a

$$U(x) = \limsup_{t \to b} U_t(x) = \lim_{n \to \infty} [\sup_{t > t_n} U_t(x)]$$

Posons $\varphi_n(x) = \sup_{t > t_n} U_t(x)$.

$\varphi_n(x)$, étant l'enveloppe supérieure d'une famille de fonctions sous médianes majorée sur tout compact, est sous-médiane. Si $U^*(x)$ est la régularisée supérieure de $U(x)$: ($U^*(x)$ = reg. sup $U(x)$; plus petite fonction s. c. sup^t majorant $U(x)$) on aura :

(1) $$U^*(x) = \lim_{n \to \infty} \varphi_n^*(x) \leqslant f(x) \qquad (\varphi_n^*(x) = \text{reg. sup } \varphi_n(x))$$

Rappelons que $U^*(x)$ est sous-harmonique et que $U^*(x) = \lim_{r \to 0} A(U; x; r)$ où A est la moyenne spatiale de U sur la boule $B(x, r) \subset D$.

L'inégalité (1) résulte du fait que f est continue et que $U^*(x)$ est l'enveloppe inférieure des fonctions continues majorant $U(x)$.

Soit pour (K, ε) donné :

$$e_n = \{ x \in K \mid \varphi_n^*(x) - f(x) \geqslant \varepsilon > 0 \} \qquad n = 1, 2 \ldots$$

e_n est fermé en vertu de la semi-continuité supérieure de $\varphi_n^*(x) - f(x)$, et on a $e_{n+1} \subset e_n$ $n = 1, 2, \ldots$. D'après (1), $\bigcap_n e_n = \emptyset$. Donc, à partir d'une certaine valeur n_o de n, les e_n sont vides, c'est à dire pour $t > t_{n_o} = t_o(\varepsilon, K)$ on a :

$$U_t(x) \leqslant \varphi_n^*(x) < f(x) + \varepsilon \qquad t > t_o(\varepsilon, K), \; x \in K.$$

Remarque : La proposition est vraie si on considère une suite de fonctions sous harmoniques.

Remarque : Si $V(x) = -\infty$, la convergence des $U_t(x)$ vers $-\infty$ est uniforme sur tout compact.

2.1 - Rappels sur les fonctions plurisous harmoniques [9]

Une fonction $V(X_1, \ldots, X_p) = V(X)$ à valeurs réelles définie dans un domaine D de $\mathbb{C}^p$ est dite plurisous harmonique si elle vérifie :

(i) $-\infty \leq V < \infty$, V bornée supérieurement sur tout compact de D. V non identiquement $-\infty$.

(ii) si $\pi : X_k = X_k^o + a_k u$ $k = 1, \ldots, n$, u complexe

est une droite complexe, la restriction de V à chaque composante connexe de $D \cap \pi$ est une fonction sous harmonique ou la constante $-\infty$.

a) Une fonction plurisous-harmonique $V(X) = V(x_1 + i x'_1, \ldots, x_p + i x'_p)$, est semi-continue supérieurement et est sous-harmonique des variables réelles $(x_1, x'_1, \ldots x_p, x'_p)$ dans D considéré comme un domaine de $\mathbb{R}^{2p}$.

Appelons P la classe de fonctions plurisous-harmoniques, dans $D \subset \mathbb{C}^p$, S la classe des fonctions sous-harmoniques dans D considéré comme un domaine de $\mathbb{R}^{2p}$ et $S_{x,y}$ la classe des fonctions $V(x_1 \ldots, x_p ; y_1, \ldots, y_p)$ qui sont séparément sous-harmoniques en x et en y dans D et majorées sur tout compact. Alors

$$P \subset S_{x,y} \subset S$$

b) Si V_t est une famille de fonctions plurisous harmoniques dans D uniformément majorées sur tout compact de D, $W = \sup_t V_t$ a pour régularisée supérieure W^* une fonction plurisous harmonique.

Plus généralement désignons par (M) la classe des fonctions $V(X_1, \dots, X_p)$ définies dans un domaine D de $\mathbb{C}^p$, contenant : toutes les fonctions plurisous harmoniques dans D ; l'enveloppe supérieure de toute famille telle que V_t ; ainsi que la limite supérieure lorsque $t \to b$ de toute famille V_t de fonctions plurisous harmoniques uniformément majorées sur tout compact de D. Si $W \in (M)$, la régularisée W^* de W est plurisous harmonique et

$$e = \left\{ X \in D \mid W_{(X)} < W^*(X) \right\}$$

ne peut contenir un ensemble de mesure positive de $\mathbb{R}^p$.

Proposition 2 [8]. Soit $V_t(X)$, $a < t < b$, $X_j = x_j + i\,x'_j$ une famille de fonctions plurisous harmoniques (ou plus généralement de la classe (M) dans $\hat{D} \subset \mathbb{C}^p$, uniformément majorée sur tout compact de $\hat{D}$. Si $D = \hat{D} \cap \mathbb{R}^p$ est un domaine non vide de $\mathbb{R}^p$ et s'il existe une fonction continue $g(X) = g(X_1, \dots X_p)$ dans $\hat{D}$ à valeurs réelles et telle que :

$$(2) \qquad W(x) = \limsup_{t \to b} V_t(x_1, \dots, x_p) \leq g(x_1, \dots, x_p) \quad \text{pour } x \in D$$

alors à tout compact K de D et à tout $\varepsilon > 0$, correspond un $t_0(\varepsilon, K)$ tel qu'on ait :

$$V_t(x) \leq g(x) + \varepsilon \text{ pour tout } x \in K, \text{ pour tout } t > t_0(\varepsilon, K)$$

La proposition (2) n'est pas une conséquence directe de la proposition 1. En effet, si, V(X) est plurisous harmonique (ou de la classe (M)) la fonction V (x) restriction de V à D n'est pas en général sous harmonique, ni même sous médiane.

Remarquons que dans la démonstration de la proposition 2 on peut se contenter de traiter le cas où $V_t(X)$ est plurisous harmonique, car si, $V_t(X)$ est de la classe (M) et V_t^* sa régularisée supérieure,

$$\limsup_{t \to b} V_t(x) \leq g(x) \Rightarrow \limsup_{t \to b} V_t^*(x) \leq g(x) \,;$$

Pour les détails voir [8].

Démonstration de la proposition 2 (V_t étant supposée plurisous harmonique)

Avec les mêmes notations que dans l'énoncé 2, on a (en considérant $\mathbb{R}^p$ comme un sous-espace de $\mathbb{C}^p$) :

Lemme 1 - Soit $W^*(X) = W^*(X_1, \ldots, X_p)$ la régularisée supérieure de

$$W(X) = \limsup_{t \to b} V_t(X_1, \ldots, X_p)$$

Pour tout $\varepsilon_1 > 0$; il existe un voisinage ouvert $\hat{\Omega}$ de D dans C^p, pour la topologie de $\mathbb{C}^p$ tel que :

$$D \subset \hat{\Omega} \subset \hat{D}$$

$$W(x) \leq g(x_1, \ldots x_p) \implies W^*(X) < g(X_1, \ldots, X_p) + \varepsilon_1, \text{ pour tout } X \in \hat{\Omega}$$

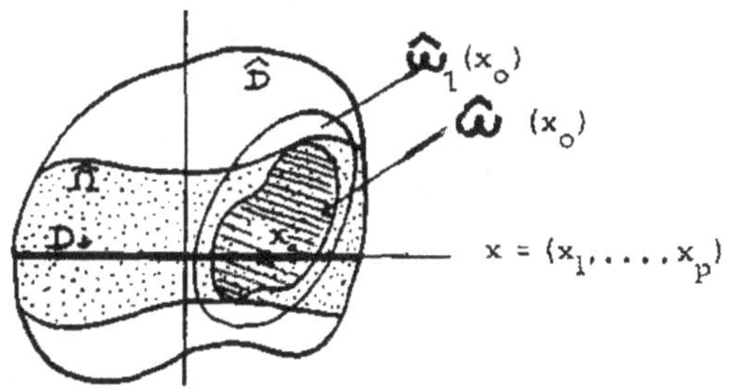

En effet, soit $X_o = x_o \in D$. On a par hypothèse $W(x_o) \leq g(x_o)$ donc,

$$W(x_o) < g(x_o) + \frac{\varepsilon_1}{2} \quad \text{et}$$

$$W^*(x_o) < g(x_o) + \frac{\varepsilon_1}{2}$$

$W^*(X)$ étant semi-continue supérieurement dans $\hat{D}$, il existe dans $\mathbb{C}^p$ un voisinage ouvert $\hat{\omega}_1(x_o) \subset \hat{D}$ tel que :

(3) $$W^*(X) < g(x_o) + \frac{\varepsilon_1}{2} \quad ; \text{ pour tout } X \in \hat{\omega}_1(x_o).$$

Mais g (X) étant continue dans $\hat{D}$, il existe dans $\mathbb{C}^p$ un voisinage ouvert $\hat{\omega}(x_o) \subset \hat{\omega}_1(x_o)$ tel que $g(x_o) < g(X) + \frac{\varepsilon_1}{2}$ pour tout $X \in \hat{\omega}(x_o)$.
Dans $\hat{\omega}(x_o)$ on aura en vertu de (3)

$$W(X) \leqslant W^*(X) < g(X) + \varepsilon_1 \text{ , pour tout } X \in \hat{\omega}(x_o)$$

l'ouvert $\hat{\Omega} = \bigcup_{x_o \in D} \hat{\omega}(x_o)$ répond au lemme 1.

§ 3 . Cellule d'harmonicité [10]

Soit D un domaine borné de $\mathbb{R}^p$ considéré comme un sous ensemble de $\mathbb{C}^p = \mathbb{R}^p(x) \times \mathbb{R}^p(x')$. Soit ∂D la frontière de D. A tout $\xi \in \partial D$ associons le cône isotrope

$$\Gamma_\xi = \left\{ X = (X_1, \dots, X_n) \middle| \sum_{j=1}^{p} | X_j - \xi_j |^2 = 0 \right\} \qquad (X_j = x_j + i\, x'_j)$$

soit :

$$\Lambda = \bigcup_{\xi \in \partial D} \Gamma_\xi$$

L'ensemble $C^p \setminus \Lambda$ est ouvert, en effet, ∂D est localement compact, il en est de même Λ dans $\mathbb{C}^p$. On a

$$\Lambda \cap \mathbb{R}^p = \partial D$$

Donc, D ne coupe pas Λ et appartient à une même composante connexe $\mathcal{H}(D)$ de $\mathbb{C}^p \setminus \Lambda$:

Définition : La composante connexe $\mathcal{H}(D)$ contenant D de l'ouvert $\mathbb{C}^p \setminus \Lambda$ s'appelle la cellule d'harmonicité de D. Cette terminologie se justifie par l'énoncé suivant :

Proposition 4. Si $U(x_1, \dots, x_p)$ est harmonique dans $D \subset \mathbb{R}^p$

$U(X_1,\dots,X_p)$ $(X_j = x_j + i\,x'_j)$ est holomorphe [2] dans la cellule d'harmonicité $\mathcal{H}$ (D) de D. A tout compact $K \subset \mathcal{H}$ (D) correspond un nombre $\mathcal{T}(K) > 0$ ne dépendant que de K et de D tel que :

(4) $$U(x_1,\dots,x_p) \leqslant M_1 \text{ pour } (x_1,\dots,x_p) \in D \Rightarrow |U(X_1,\dots X_p)| \leqslant M_1\left[1+\mathcal{T}(K)\right],\ X \in K$$

Pour la proposition 4 nous renvoyons à [10] . Signalons seulement que pour obtenir $U(X_1,\dots X_p)$ on part de la représentation classique des fonctions harmoniques dans D :

$$U(x) = k_p \int_{\xi\in\partial D,\ x\in D} \left[U(\xi)\frac{\partial h(x,\xi)}{\partial n_i} - h(x,\xi)\frac{\partial U(\xi)}{\partial n_i}\right] d\sigma(\xi)$$

où

$$h(x,\xi) = \begin{cases} \dfrac{1}{\left[\sum_{j=1}^{p}(x_j-\xi_j)^2\right]^{\frac{p-2}{2}}} & \text{si } p \geqslant 3 \\ -\dfrac{1}{2}\,\mathrm{Log}\sum_{k=1}^{p}(x_k-\xi)^2 & \text{si } p = 2 \end{cases}$$

k_p est une constante numérique, ∂n_i étant la dérivée selon la normale intérieure.

Le noyau $h(X,\xi)$ qu'on obtient à partir de $h(x,\xi)$, en remplaçant les variables réelles x_j par les variables complexes X_j, est holomorphe hors du cône isotrope Γ_ξ. La fonction $U(X_1,\dots,X_p) = U(X)$ est égale à :

$$U(X) = k_p \int_{\xi\in\partial D,\ X\in\mathcal{H}(D)} \left[U(\xi)\frac{\partial h(X,\xi)}{\partial n_i} - h(X,\xi)\frac{\partial U(\xi)}{\partial n_i}\right] d\sigma(\xi).$$

Remarquons aussi que la majoration (4) est un cas particulier d'une majoration valable pour les fonctions polyharmoniques [10] .

---

(2) Rappelons que de manière générale, si Ω est un ouvert de $\mathbb{R}^n \subset \mathbb{C}^n$, pour toute fonction analytique réelle f dans Ω, il existe un ouvert $\hat{\Omega}_f$ de $\mathbb{C}^n$ avec $\hat{\Omega}_f \cap \mathbb{R}^n = \Omega$ et une fonction holomorphe F dans $\hat{\Omega}_f$ telle que $F|\Omega = f$.

§ 4 . Démonstration du théorème 1.

Proposition 4 [2] Posons $D = B_x(0, R) \times B_y(0, R') \subset \mathbb{R}^p \times \mathbb{R}^q$ où B_x est la boule de centre 0 et de rayon R , B_y la boule analogue dans $\mathbb{R}^q$. Soit :

$$V : D \longrightarrow \mathbb{R}$$

$$(x, y) \longmapsto V(x, y)$$

assujettie aux conditions suivantes :

(i) Pour y fixé, $V(x, y)$ est harmonique de $x \in B_x(0, R)$

(ii) Pour x fixé, $V(x, y)$ est harmonique de $y \in B_y(0, R')$

(iii) Il existe une boule $B_y(0, \rho) \subset B_y(0, R')$ telle que $V(x, y)$ soit bornée en module sur tout compact de $B_x(0, R) \times B_y(0, \rho)$.

Dans ces conditions $V(x, y)$ est harmonique de l'ensemble des variables $(x ; y)$ dans $B_x(0, R) \times B_y(0, R')$.

Démonstration : Il suffit de montrer que $|V(x, y)|$ est borné sur tout compact de $B_x(0, R) \times B_y(0, R')$. Pour x fixé dans $B_x(0, R)$, $V(x, y)$, en tant que fonction harmonique de y, se développe de façon unique selon :

$$(5) \qquad V(x, y) = \sum_{s=0}^{\infty} A_s(x, \vec{\varphi}) \, \|y\|^s$$

où $\vec{\varphi}$ est le vecteur unitaire de $\mathbb{R}^q$ porté par $\vec{Oy}$ et $\|y\|^2 = y_1^2 + \ldots + y_q^2$. Les fonctions $A_s(x, \vec{\varphi}) \, \|y\|^s$ pour x fixé sont des polynômes harmoniques homogènes en $y_1, \ldots, y_q$. La série $\sum_{s=0}^{\infty} \sup_{\varphi} |A_s(x, \vec{\varphi})| \, \|y\|^s$ a un rayon de convergence $r(x) \geqslant R'$ [4].

Si on part de l'intégrale de Poisson de $B_y(0, R'')$, $R'' < R'$, pour obtenir (5) on aura (a désignant un point courant de la frontière de $B_y(0, 1)$ et $\sigma_q(1)$ la mesure - aire de $\partial B_y(0, 1)$):

$$A_s(x,\vec{\varphi}) = \frac{1}{\sigma_q(1)\rho_1^s} \int V(x, \rho_1 a) \left[P_s^{(q)}(\cos\theta) - P_{s-2}^{(q)}(\cos\theta)\right] d\sigma_q(a) \qquad s \geq 2$$

(6) $$A_1(x,\vec{\varphi}) = \frac{q}{\sigma_q(1)\rho_1} \int V(x, \rho_1 a) \cos\theta \; d\sigma_q(a)$$

$$A_o(x,\vec{\varphi}) = \frac{1}{\sigma_q(1)} \int V(x, \rho_1 a)\, d\sigma_q(a)$$

avec $\rho_1 < R'$ arbitraire (d'après l'unicité de (5)), θ étant l'angle des vecteurs $\vec{0a}$ et $\vec{0y}$. Les fonctions $P_s^{(q)}(\cos\theta)$ sont les polynômes de Gegenbauer définis par :

$$(1 - 2t\cos\theta + t^2)^{-\frac{q}{2}} = 1 + \sum_{s=1}^{\infty} P_s^q(\cos\theta)\, t^s \qquad 0 \leq t < 1$$

Rappelons que

(7) $$\left|P_s^{(q)}(\cos\theta)\right| \leq P_s^{(q)}(1) = \frac{(q+s-1)!}{(q-1)!\,s!}$$

Si dans (6) on choisit $\rho_1 < \rho$, $|V(x, y)|$ sera borné sur tout compact de $B_x(0, R) \times B_y(0, \rho)$ par hypothèse, et par conséquent sera harmonique de l'ensemble des variables (x, y) dans ce dernier domaine. Il en résulte que les coefficients $A_s(x, \vec{\varphi})$ seront pour $\vec{\varphi}$ fixé, harmoniques de $x \in B_x(o,R)$ et les $A_s(x, \vec{\varphi})\, \|y\|^s$ harmoniques de l'ensemble des variables x, y dans $B_x(o,R) \times B_y(0,R')$.

Choisissons une fois pour toutes $\rho_1 < \rho$; soit R_1 tel que $\overline{B_x(0,R_1)} \subset B_x(0,R)$, R_1 arbitrairement près de R. Si :

$$m(R_1) = m(R_1, \rho_1) = \sup |V(x,y)|, \quad (x,y) \in B_x(0,R_1) \times B_y(0,\rho_1),$$

$m(R_1)$ est fini, et on aura en vertu de (6) et (7).

$$|A_s(x,\vec{\varphi})| \leq \frac{m(R_1)}{\rho_1^s}\left[|P_s^{(q)}(1)| + |P_{s-2}^{(q)}(1)|\right]$$

$$\leqslant \frac{m(R_1)}{\rho_1^s} \left[\frac{(q+s-1)!}{(q-1)!\,s!} + \frac{(q+s-3)!}{(q-1)!\,(s-2)!} \right]$$

$s \geqslant 2$, pour tout $x \in B_x(0\,,\,R_1)$ et pour tout $\vec{\varphi}$.

$P_s^{(q)}(1)$ est croissante de s et $\lim_{s\to\infty} \sqrt[s]{|P_s^{(q)}(1)|} = 1$ (en effet, $\frac{P_{s+1}^{(q)}(1)}{P_s^{(q)}(1)} \to 1$, $s \to \infty$)
Il en résulte qu'il existe une constante $m\,(R_1, \rho_1)$ ne dépendant que de R_1 et ρ_1 telle que

(8) $\quad |A_s(x, \vec{\varphi})| \leqslant m^s$, pour tout $\vec{\varphi}$ et tout $x \in B_x(0, R_1)$.

Revenons à la série (5). On a

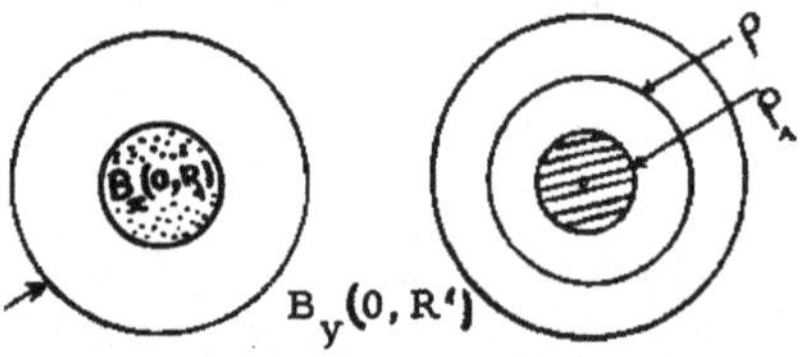

$B_x(0,R)$ $\qquad$ $B_y(0,R')$

(9) $\quad \limsup_{s\to\infty} \left[\frac{1}{s} \operatorname{Log} \sup_{\varphi} |A_s(x, \vec{\varphi})| \right] = -\operatorname{Log} r(x) \leqslant -\operatorname{Log} R'$, pour $x \in B_x(0,R)$

D'après (8) et (4) les fonctions plurisousharmoniques

$$\frac{1}{s} \operatorname{Log} |A_s(X, \vec{\varphi})| \qquad s = 1, 2, \ldots \qquad X = (X_1, \ldots, X_p) \quad X_j = x_j + i\,x'_j$$

sont majorées uniformément sur tout compact de la cellule d'harmonicité de $B_x(0, R_1)$ par des constantes ne dépendant que de K, ρ_1, R_1; pour chaque s

$$\sup_{\varphi} \frac{1}{s} \operatorname{Log} |A_s(X, \vec{\varphi})| \qquad s = 1, 2, \ldots$$

est de la classe (M) . D'après l'inégalité (9) et la proposition 2, à tout compact K de $B_x(0, R_1)$ et à tout $\varepsilon > 0$ correspond $s_o(\varepsilon, K)$ tel que

$$\sup_{\varphi} \frac{1}{s} \operatorname{Log} |A_s(x, \varphi)| \leqslant -\operatorname{Log} R' + \varepsilon,$$

pour tout $x \in K$ et pour tout $s \geqslant s_o$ Donc :

$$|A_s(x,\varphi)| \; \|y\|^s \leqslant \left(\frac{e^{\varepsilon}}{R'}\right) \|y\|^s \quad \text{pour } x \in K, \text{ et pour } s \geqslant s_o(\varepsilon, K)$$

Il en résulte que la série $\sum_{s \geqslant s_o} A_s(x,\varphi)\ \|y\|^s$

converge absolument pour tout $x \in K$ et $\|y\| < R'$; par conséquent $|V(x,y)|$ est bornée sur tout compact de $B_x(0,R_1) \times B_y(0,R')$, R_1 étant arbitrairement voisin de R. D'où l'harmonicité de V(x, y) par rapport à l'ensemble des variables (x, y) dans $B_x(0,R) \times B_y(0,R')$.

Fin de la démonstration du théorème 1.

V (x, y) étant séparément continue dans $B_x(0,R) \times B_y(0,R')$ à toute boule $\overline{B_x(0,R_1)} \subset B_x(0,R)$ correspond un ouvert $\omega \subset B_y(0,R')$ (par exemple une boule ouverte de centre P) telle que : $|V(x,y)|$ soit bornée dans $B_x(0,R_1) \times \omega$ (Propriété de Baire, V. par ex. [3]).

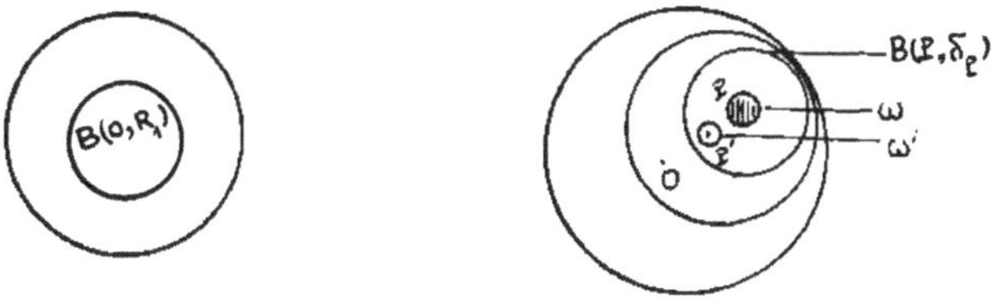

$B_x(0,R)$ $B_y(0,R')$

Il en résulte que V (x, y) est harmonique de l'ensemble des variables dans $B_x(0,R_1) \times \omega$. Soit $\delta_P = \delta(P, \partial B_y)$ la distance minimale de P à $\partial B_y(0,R')$. D'après la proposition 4, V (x, y) est alors harmonique de l'ensemble des (x, y) dans $B_x(0,R_1) \times B_y(P,\delta_P)$. Si $0 \in B_y(P,\delta_P)$ la proposition 4 achève la démonstration. Supposons $0 \notin B_y(P,\delta_P)$. Soit $P' \in B_y(P,\delta_P)$, $|0P'| = R' - 2\delta_P + \varepsilon$ où $\varepsilon > 0$ est arbitrairement petit. La boule $\omega' = B_y(P', \frac{\varepsilon}{2})$ étant contenue dans $B_y(P,\delta_P)$, $|V(x,y)|$ est borné dans $B_x(0,R_1) \times \omega'$, elle sera donc harmonique de l'ensemble des variables dans $B_x(0,R_1) \times B_y(P',\delta_{P'})$ En poursuivant ce procédé on arrivera au cas de la proposition 4. Le théorème est ainsi démontré dans le cas de produit de deux boules. Pour les domaines quelconques le théorème résultera facilement de celui-ci. Terminons en remarquant que la démonstration du théorème 1 sera considérablement simplifiée si on montre directement et par des considérations uniquement réelles l'énoncé suivant :

Soit $U_n(x_1,\dots,x_p,\varphi)$ une suite de fonctions harmoniques dans $D \subset \mathbb{R}^p$ dépendant d'un paramètre φ (variant dans un ensemble e) et vérifiant :

(i) Il existe une constante m telle que

$$|U_n(x_1;\dots,x_p,\varphi)| \leq m^n \qquad n = 1,2,\dots$$

pour tout $x \in D$ et pour tout $\varphi \in e$

(ii) $\limsup_{n\to\infty} \frac{1}{n} \operatorname{Log} |U_n(x_1,\dots,x_p \varphi)| \leq A = \text{cte}$

Alors à tout compact $K \subset D$ et à tout $\varepsilon > o$ correspond $n_o(\varepsilon, K)$ ne dépendant que du couple (ε, K) et non de φ, telle que

$$\frac{1}{n} \operatorname{Log} |U_n(x_1;\dots,x_p,\varphi)| \leq A + \varepsilon$$

pour tout $x \in K$, $\qquad n > n_o(\varepsilon, K)$.

BIBLIOGRAPHIE

[1] M. ARSOVE.- On subharmonicity of doubly subharmonic functions. Proc. Amer. Math. Soc., 1966, vol.17.

[2] V.AVANISSIAN.- Fonctions plurisousharmoniques et fonctions doublement harmoniques. Ann. E.N.S., 178, 1961.

[3] N.BOURBAKI.- Topologie générale, chap.IX.

[4] M.BRELOT .- Eléments de la théorie classique du potentiel . Centre de Doc. Universitaire, Paris, 3e éd., 1965.

[5] R.CAIROLI.- Produits de semigroupes de transition et produits de processus. Publ. ISUP, t.15, 1966.

[6] J.DENY et P.LELONG.- Etude des fonctions sousharmoniques dans un cône. Bull. Soc. M. France, 1947.

[7] K. GOWRISANKARAN.- Limites fines et fonctions doublement harmoniques. C.R.Acad.Sc., t.262, 1966, p.388.

[8] P. LELONG .- Fonctions plurisousharmoniques et fonctions analytiques de variables réelles. Ann. Inst. Fourier, t. 11, 1961.

[9] P. LELONG.- Fonctions plurisousharmoniques et formes différentielles positives. Coll. Sém. de Varenna (1963).

[10] P.LELONG .- Sur l'approximation des fonctions de plusieurs variables au moyen de fonctions polyharmoniques d'ordres croissants. C.R.Acad. Sc., 227, 1948, p.26.

[11] J.W.WALSH .- Probability and a Dirichlet problem for multiply superharmonic functions (thèse : Urbana, Illinois, 1966).

SEMI-GROUPES DE TRANSITION ET FONCTIONS EXCESSIVES

(Exposé de R. Cairoli)

Dans cet exposé il est question de semi-groupes de transition et de fonctions excessives. E désignera un espace localement compact à base dénombrable, $\mathcal{B}_E$ sa tribu borélienne. Un noyau sur E est une application N: $(x,\Gamma) \longrightarrow N(x,\Gamma)$ de $E \times \mathcal{B}_E$ dans R+, mesurable en x pour Γ fixé et complètement additive en Γ pour x fixé. On dit que N est sous-markovien si $N(x,E) \leq 1$ pour tout x. μ étant une mesure et f une fonction mesurable bornée, on notera μN la mesure $\Gamma \rightarrow \int N(x,\Gamma)\mu(dx)$ et Nf la fonction $x \longrightarrow \int N(x,dy)f(y)$. On dit que N est fortement fellérien si, pour toute f mesurable bornée, Nf est une fonction continue (on en déduit alors que Nf est continue pour toute fonction $\bigcap_x \mathcal{B}_E^{\varepsilon_x N}$-mesurable bornée, en particulier pour toute fonction universellement mesurable bornée). Le noyau composé de deux noyaux A et B sera noté AB: $AB(x,\Gamma) = \int A(x,dy)B(y,\Gamma)$. On appelle semi-groupe de transition sur E une famille $(P_t)_{t>o}$ de noyaux sous-markoviens sur E telle que $P_{s+t} = P_s P_t$ pour tout $s>o$, $t>o$. On dit que (P_t) est faiblement continu si, pour toute forction f continue et à support compact, on a $\lim_{t\to o} P_t f(x) = f(x)$ (il s'ensuit que l'application $t \longrightarrow P_t f(x)$ est continue à droite en tout $t > o$). Dans ce qui suit, on supposera toujours que les semi-groupes sont faiblement continus. On appelle résolvante de (P_t) la famille de noyaux $(U_p)_{p>o}$ définie par la relation suivante: $U_p f(x) = \int e^{-pt} P_t f(x) dt$, où f est continue et à support compact. Semi-groupes et résolvantes sont dits fortement fellériens si chaque noyau qui les composent a cette propriété. Si le semi-groupe est fortement fellérien, sa résolvante l'est aussi. La réciproque n'est pas vraie (contre-exemple: semi-groupe de translation uniforme sur la droite). Une fonction universellement mesurable positive f est dite surmédiane si $pU_p f \leq f$ pour tout p. On dit que f est excessive si elle est surmédiane et si $\lim_{p\to\infty} pU_p f = f$. Pour que f soit excessive il faut et il suffit que $P_t f \leq f$ pour tout t et que $\lim_{t\to o} P_t f = f$. Si f est surmédiane, la limite $\hat{f} = \lim_{p\to\infty} pU_p f$ existe et définit une fonction excessive, appelée la régularisée de f. Si la résolvante est fortement fellérienne, les fonctions excessives sont s.c.i. . Un ensemble est dit de potentiel nul s'il est contenu dans un ensemble universellement mesurable Γ tel que $U_p(x,\Gamma) = 0$ pour tout x et tout p (on seulement pour une valeur de p). Si f est une fonction surmédiane, f ne diffère de sa régularisée $\hat{f}$ que sur un ensemble de potentiel nul. On dit qu'un semi-groupe vérifie l'hypothèse (L) de P.A. Meyer s'il existe une mesure finie sur E (mesure fondamentale) dont les ensembles négligeables sont les ensembles de potentiel nul. L'hypothèse (L) est vérifiée si les fonctions excessives sont s.c.i. donc, en particulier, si la résolvante de (P_t) est fortement fellérienne.

<u>Lemme 1.</u> (P.A. Meyer) – Soient (P_t) un semi-groupe vérifiant (L) et $\mathcal{F}$ une famille de fonctions surmédianes uniformément majorées. On peut alors extraire de $\mathcal{F}$ une suite (f_n) telle que $\inf_n f_n \geq \inf_{f \in \mathcal{F}} f \geq \widehat{\inf_n f_n}$.

Idée de la démonstration: On suppose, sans restreindre la généralité, que si f, g $\in \mathcal{F}$, alors $\inf(f,g) \in \mathcal{F}$ et on choisit une suite décroissante (f_n) telle que $\inf_n \mu(f_n) = \inf_{f \in \mathcal{F}} \mu(f)$, où μ désigne une mesure fondamentale. On vérifie alors que $\widehat{\inf_n f_n}$ minore tout élément de $\mathcal{F}$.

En particulier, l'enveloppe inférieure de $\mathcal{F}$ ne diffère d'une fonction excessive qui la minore que sur un ensemble de potentiel nul. Dans le cas où (P_t) est un semi-groupe de Hunt, cet ensemble est, plus precisément, semi-polaire, pourvu que chaque $f \in \mathcal{F}$ soit excessive (cela découle d'un résultat de Doob).

Soit Λ un espace métrisable, μ une mesure finie sur sa tribu borélienne. Supposons que toute famille d'ensembles ouverts formant un recouvrement de Λ contienne une famille dénombrable de ces ensembles dont la réunion ne diffère de Λ que d'un ensemble négligeable (Λ est presqu'un espace de Lindelöf). Appelons partition de Λ de norme α toute suite (A_i) d'ensembles de mesure positive, deux à deux sans point commun et dont la borne supérieure des diamètres soit α, telle que $\mu(\bigcup_{i=1}^{\infty} A_i) = \mu(\Lambda)$.
Construisons par récurrence la suite $(\mathcal{P}_n)$ de partitions suivante: $\mathcal{P}_o$ est constituée par l'espace Λ et $\mathcal{P}_{n+1}$ est la partition engendrée par les ensembles de $\mathcal{P}_n$ et par les ensembles d'une partition de norme $\leq 1/(n+1)$. Plus précisement: soient A_1^n, A_2^n, ... les ensembles constituant $\mathcal{P}_n$. Considérons en chaque point $\lambda \in \Lambda$ la boule ouverte $\{\lambda' : \text{dist}(\lambda,\lambda') < 1/2(n+1)\}$. De la famille de ces boules extrayons une suite (B_i) telle que $\mu(\bigcup_{i=1}^{\infty} B_i) = \mu(\Lambda)$.
Les ensembles $A_1^n \cap B_1$, $A_2^n \cap B_1$, ..., $A_1^n \cap B_1^c \cap B_2$, $A_2^n \cap B_1^c \cap B_2$, ..., $A_1^n \cap B_1^c \cap B_2^c \cap B_3$, $A_2^n \cap B_1^c \cap B_2^c \cap B_3$, ..., ... sont deux à deux disjoints et la mesure de leur réunion est $\mu(\Lambda)$. Ceux de mesure positive rangés en une suite (A_i^{n+1}) constituent les ensembles de $\mathcal{P}_{n+1}$.
On notera $S_n(f)$ la somme de Riemann relative à la fonction $f \geq o$ et à $(\mathcal{P}_n)$: $S_n(f) = \sum_{i=1}^{\infty} \inf \{ f(\lambda) : \lambda \in A_i^n \} \mu(A_i^n)$.

<u>Lemme 2.</u> - Si $f \geqq o$ est une fonction réelle s.c.i., alors $\lim_{n\to\infty} S_n(f) = \int f d\mu$.

Si G désigne un ouvert de Λ, alors $\lim_{n\to\infty} S_n(1_G) = \mu(G)$ (*), puisque $S_n(1_G)$ est égal à la mesure de la réunion des ensembles de $\mathcal{P}_n$ contenus dans G et puisque ces réunions croissent vers un ensemble G' tel que $\mu(G') = \mu(G)$, lorsque $n\to\infty$, comme il est facile de le vérifier. En outre, les fonctions positives pour lesquelles la conclusion du lemme est vraie forment un cône convexe C et si (g_n) est une suite croissante d'éléments de C dont l'enveloppe supérieure est g, alors $g \in C$. En effet, $\int g_n(\lambda)\mu(d\lambda) = \lim_{m\to\infty} S_m(g_n) \leqq \liminf_{m\to\infty} S_m(g)$, ce qui entraîne $\int g(\lambda)\mu(d\lambda) \leqq \liminf_{m\to\infty} S_m(g) \leqq \limsup_{m\to\infty} S_m(g) \leqq \int g(\lambda)\mu(d\lambda)$, donc $g \in C$. Les ensembles $\{f > \frac{i}{2^n}\}$ étant ouverts, pour chaque n,

$$f_n = \frac{1}{2^n} \sum_{i=1}^{n2^n} 1_{\{f > \frac{i}{2^n}\}}$$

appartient, en vertu de (*), à C. La fonction f donc aussi, puisque $f_n \uparrow f$ lorsque $n\to\infty$.

<u>Théorème 1.</u> - Soit (P_t) un semi-groupe [de Hunt] vérifiant (L). Soit $f: (x,\lambda) \to f(x,\lambda)$ une fonction dans $E \times \Lambda$, s.c.i. en λ pour x fixé et surmédiane [excessive] en x pour λ fixé. Alors

la fonction g: $x \to \int f(x,\lambda)\mu(d\lambda)$ ne diffère d'une fonction excessive que sur un ensemble de potentiel nul [ensemble semi-polaire. Si, un plus, f est s.c.i. en x pour λ fixé, alors g est une fonction excessive].

On peut supposer que f est bornée. Le cas général en résulte en considérant d'abord inf(f,n) et en faisant tendre ensuite n vers l'infini. D'après le lemme 2, pour tout x

$$\lim_{n\to\infty} \left(\sum_{i=1}^{\infty} \inf \{f(x,\lambda): \lambda \in A_i^n\}\mu(A_i^n)\right) = \int f(x,\lambda)\mu(d\lambda) .$$

En vertu du lemme 1, chaque fonction inf $\{f(x,\lambda): \lambda \in A_i^n\}$ ne diffère d'une fonction excessive qui la minore que sur un ensemble de potentiel nul [ensemble semi-polaire] . Le terme général de la suite du membre de gauche de la dernière égalité possède donc cette même propriété. Le membre de droite la possède donc aussi, puisque la suite est croissante. [Si, en plus, f est s.c.i. en x, alors, d'après le lemme de Fatou, g est s.c.i., donc finement s.c.i. . Soit g' une fonction excessive telle que $g' \leq g$ et que $g' = g$ sauf aux points d'un ensemble semi-polaire. La fonction $g - g'$ est positive, finement s.c.i. et nulle aux points d'un ensemble finement dense dans E. Elle est donc nulle partout, ce qui prouve que g est excessive].

Soient E et F deux espaces localement compacts à base dénombrable, A et B deux noyaux sous-markoviens respectivement sur E et F. L'application $((x,y), \Gamma) \longrightarrow (\varepsilon_x A \otimes \varepsilon_y B)(\Gamma)$ de $(E \times F) \times \mathcal{B}_{E \times F}$ dans R_+ est un noyau sous-markovien sur $E \times F$: on l'appellera noyau produit de A et B et on le notera $A \otimes B$.

Théorème 2. - Soit f une fonction réelle bornée dans $E \times F$ telle que l'intégrale itérée $g(x,y) = \int A(x,du) \int B(y,dv) f(u,v)$ existe pour tout $(x,y) \in E \times F$. Si A et B sont fortement fellériens, alors la fonction $(x,y) \longrightarrow g(x,y)$ est continue.

D'après le caractère fortement fellérien de A, pour tout $y \in F$, l'application partielle $x \longrightarrow g_y(x) = g(x,y)$ est continue. On démontrera que, pour tout $y_o \in F$, g_{y_n} converge uniformément vers g_{y_o} dans toute partie compacte de E, lorsque y_n tend vers y_o dans F. Cela achèvera la démonstration (cf. Bourbaki, Topologie générale, chap. 10, § 3, théorème 3). Désignons par h_y la fonction $u \longrightarrow \int B(y,dv) f(u,v)$. En vertu du caractère fortement fellérien de B, on a $\lim_{n \to \infty} h_{y_n} = h_{y_o}$. Posons

$$h'_n = \inf_{m \geq n} h_{y_m}, \quad h''_n = \sup_{m \geq n} h_{y_m}.$$

On a $h'_n \uparrow h_{y_o}$, $h''_n \downarrow h_{y_o}$ et, par conséquent, $Ah'_n \uparrow Ah_{y_o}$, $Ah''_n \downarrow Ah_{y_o}$. Les fonctions intervenant dans ces deux dernières limites étant continues, la convergence a lieu uniformément dans toute partie compacte de E. Les inégalités

$$Ah'_n \leq Ah_{y_n} \leq Ah''_n$$

entraînent finalement que Ah_{y_n} converge vers Ah_{y_o} uniformément dans toute partie compacte de E, ce qui achève la démonstration, puisque $g_y = Ah_y$.

Corollaire. - Si les noyaux A et B sont fortement fellériens, le noyau produit $A \otimes B$ l'est aussi.

Soient (P_t) et (Q_t) deux semi-groupes de transition respectivement sur E et F. La famille de noyaux $(P_t \otimes Q_t)$ est un semi-groupe de transition sur $E \times F$: on l'appellera semi-groupe produit de (P_t) et (Q_t) et on le notera (R_t). Les résolvantes de (P_t), (Q_t) et (R_t) seront respectivement désignées par (U_p), (V_p) et (W_p). Une fonction $f: (x,y) \rightarrow f(x,y)$ dans $E \times F$ sera dite séparément excessive si elle est excessive en x pour y fixé et excessive en y pour x fixé. De même on définit une fonction séparément surmédiane.

Théorème 3. - Si les résolvantes (U_p) et (V_p) sont fortement fellériennes, toute fonction séparément excessive f est s.c.i. et excessive pour le semi-groupe produit (R_t).

Démontrons d'abord que f est s.c.i. . En vertu du lemme de Fatou, la fonction $u \to \int qV_q(y,dv) f \wedge n(u,v)$ est s.c.i. . L'intégrale itérée $g(x,y) = \int pU_p(x,du) \int qV_q(y,dv) f \wedge n(u,v)$ a donc un sens, ce qui entraîne que la fonction $(x,y) \to g(x,y)$ est continue (théorème 2) et, par conséquent, que l'application

$$(x,y) \to \int pU_p(x,du) \int qV_q(y,dv) f(u,v)$$

est s.c.i., pour tout $p > o$, $q > o$. La semi-continuité de f en résulte, si on fait tendre d'abord q et ensuit p vers l'infini. Il reste donc seulement à démontrer que f est excessive. On a d'abord $R_t f(x,y) = \int P_t(x,du) \int Q_t(y,dv) f(u,v) \leq f(x,y)$. En outre, (x,y) étant fixé, $\int P_s(x,du) \int Q_t(y,dv) f(u,v)$ est une fonction décroissante de s et de t, ce qui entraîne $\lim_{t \to o} R_t f(x,y) =$ $= \lim_{s \to o} \int P_s(x,du) (\lim_{t \to o} \int Q_t(y,dv) f(u,v)) = f(x,y)$, ce qui achève la démonstration.

Lemme 3. - Toute fonction surmédiane s.c.i. est excessive.

Soit f une fonction surmédiane s.c.i. . Alors f est l'enveloppe supérieure d'une suite croissante (f_n) de fonctions continues et à support compact. En outre, pour tout n, on a $\lim_{p\to\infty} pU_p f_n(x) = f_n(x)$, ce qui entraîne $\lim_{p\to\infty} pU_p f(x) \geq f(x)$. L'inégalité inverse résulte de ce que f est surmédiane.

<u>Théorème 4.</u> - Supposons que (U_p) et (V_p) soient fortement fellériennes. Soit f: $(x,y)\to f(x,y)$ une fonction séparément surmédiane. Alors:

1) la régularisée s.c.i. g de f est séparément excessive (donc excessive pour le semi-groupe produit (R_t));
2) si, en plus, f est s.c.i. en y pour chaque x, g ne diffère de f qu'aux points d'un ensemble dont les coupes suivant y sont de potentiel nul.

Pour démontrer 1), on utilisera uniquement le fait que chaque noyau des deux résolvantes applique l'espace des fonctions continues à support compact dans l'espace des fonctions continues (résolvantes fellériennes). Fixons par exemple y. Il suffira de montrer, d'après le lemme 3, que $\int pU_p(x,du)g(u,y) \leq g(x,y)$ pour tout x, ou encore, que $\int pU_p(x,du)h(u,y) \leq g(x,y)$, pour toute fonction continue et à support compact $h \leq g$. Or, on a $h \leq f$, donc le premier membre est majoré par $\int pU_p(x,du)f(u,y) \leq f(x,y)$ et par conséquent, par définition de la régularisée s.c.i., il suffit de montrer que la fonction $(x,y) \to \int U_p(x,du)h(u,y)$ est continue pour toute fonction h continue et à support compact. C'est vrai si h est de la forme particulière $\sum_{i=1}^{m} f_i(x)g_i(y)$, où les f_i et g_i sont des fonctions continues à support compact. Cette propriété s'étend à un h quelconque par convergence uniforme, ce qui démontre 1). D'après le théorème 1, l'intégrale itérée $\int pU_p(x,du)\int qV_q(y,dv)f(u,v)$ existe pour tout (x,y). Elle est, en outre, une fonction s.c.i. de (x,y) (on considère d'abord $f\wedge n$, qui satisfait aux mêmes hypothèses que f, et on fait tendre ensuite n vers l'infini). Comme f est excessive en y pour x fixé (lemme 3), on a :

$$\lim_{p\to\infty} (\lim_{q\to\infty} \int pU_p(x,du)\int qV_q(y,dv)f(u,v)) = \lim_{p\to\infty} \int pU_p(x,du)f(u,y).$$

La fonction $(x,y) \to h(x,y) = \lim_{p\to\infty} \int pU_p(x,du)f(u,y)$ ne diffère de f que sur un ensemble dont chaque coupe suivant y est de potentiel nul. En outre, h est s.c.i., donc, par définition de la régularisée s.c.i., $h \leqq g$, ce qui achève la démonstration.

Théorème 5 (V. Avanissian). - Toute fonction f dans un ouvert G de $R^p \times R^q$ ($p,q \geqq 2$), séparément hyperharmonique et localement minorée, est hyperharmonique.

On peut se limiter à considérer le cas où G est un produit de deux boules. Le théorème résulte du théorème 3, si l'on considère les semi-groupes des mouvements browniens respectivement dans R^p et R^q, tués aux frontières des deux boules.

Les théorèmes suivants traiterons de la question de la permanence de (L) dans l'opération produit de deux semi-groupes. Le caractère (L) n'est pas en général permanent, même si les résolvantes sont fortement fellériennes (contre-exemple: produit de deux semi-groupes de translation uniforme). On démontrera ci-dessous que, si au moins un des deux semi-groupes est fortement fellérien, alors (L) passe au produit. On utilisera la terminologie suivante: μ et ν étant deux mesures respectivement sur E et F, on dira qu'une fonction réelle dans $E \times F$ est (μ,ν)-négligeable si elle est nulle partout sauf aux points d'un ensemble dont les coupes suivant x et y sont respectivement ν- et μ-négligeables, pour tout $x \in E$, $y \in F$. On dira qu'un sous-ensemble de $E \times F$ est de potentiel (μ,ν)-négligeable s'il est contenu dans un ensemble universellement mesurable Δ tel que, pour tout p, $W_p 1_\Delta$ soit (μ,ν)-négligeable.

Théorème 6. - Soit η une mesure fondamentale pour (P_t), θ une mesure fondamentale pour (Q_t). Supposons que la résolvante (U_p) soit fortement fellérienne. Alors les ensembles $(\eta \otimes \theta)$-négligeables sont exactement les ensembles de potentiel (η, θ)-négligeable.

En effet, soient $\{x_n\}$ un ensemble dénombrable dense dans E, Δ un ensemble universellement mesurable tel que $(U_p \otimes V_p)((x,y),\Delta) = o$ pour tout (x,y). Posons $\Gamma_n = \{y' : U_p(x_n, \Delta^{y'}) \neq o\}$, $\Gamma = \bigcup_n \Gamma_n$. Pour chaque y, $(U_p \otimes V_p)((x_n,y),\Delta) = o$ pour tout n, donc $V_p(y,\Gamma_n) = o$ pour tout n, ce qui entraîne $V_p(y,\Gamma) = o$ et, par conséquent, $\theta(\Gamma) = o$. En outre, si $y' \in \Gamma^c$, on a $U_p(x_n, \Delta^{y'}) = o$ pour tout n, donc, d'après le caractère fortement fellérien de U_p, $U_p(x, \Delta^{y'}) = o$ pour tout x, ce qui entraîne $\eta(\Delta^{y'}) = o$ pour θ-presque tout y' et, par conséquent, $(\eta \otimes \theta)(\Delta) = o$. Réciproquement, un ensemble $(\eta \otimes \theta)$-négligeable est contenu dans un ensemble borélien Δ $(\eta \otimes \theta)$-négligeable. Comme $\eta(\Delta^{y'}) = o$ pour θ-presque tout y', il résulte que $U_p(x, \Delta^{y'}) = o$ pour $\varepsilon_y V_p$-presque tout y'. D'où $(U_p \otimes V_p)((x,y),\Delta) = o$, pour tout (x,y) et tout p. Désignons maintenant par I_E et I_F les noyaux identité respectivement sur E et F et supposons que nous ayions pu montrer, pour tout p, l'égalité:

$$(\ddagger) \qquad U_p \otimes V_p = ((U_p \otimes I_F) + (I_E \otimes V_p))W_{2p}.$$

Considérons un ensemble $(\eta \otimes \theta)$-négligeable. Cet ensemble est contenu dans un ensemble borélien $\Delta (\eta \otimes \theta)$-négligeable. D'après ce qui précède, $(U_p \otimes V_p)1_\Delta = o$ pour tout p. L'égalité $(\ddagger)$ entraîne alors que $(U_p \otimes I_F)W_{2p}1_\Delta = o$ pour tout p. Comme η est une mesure fondamentale pour (P_t), il s'ensuit que, y et p étant fixés, $W_p((x,y),\Delta) = o$ pour η-presque tout x. De même, pour x et p fixés, $W_p((x,y),\Delta) = o$ pour θ-presque tout y, ce qui démontre que Δ est un ensemble de potentiel (η,θ)-négligeable. Réciproquement, si Δ désigne un ensemble universellement mesurable de potentiel (η,θ)-négligeable, pour chaque y, p, $W_p((x,y),\Delta) = o$ pour η-presque tout x. Cela entraîne $(U_{p/2} \otimes I_F)W_p 1_\Delta = o$, puisque η est une mesure fondamentale pour (P_t). De même, $(I_E \otimes V_{p/2})W_p 1_\Delta = o$, donc, en vertu de $(\ddagger)$, $(U_{p/2} \otimes V_{p/2})1_\Delta = o$. D'après la première partie de la démonstration, Δ est donc $(\eta \otimes \theta)$-négligeable. Il reste encore à démontrer $(\ddagger)$. Soit h une fonction mesurable bornée dans $E \times F$.

On a alors:

$$(U_p \otimes V_p)h(x,y) = \int_0^\infty\int_0^\infty \exp(-p(t+\tau))(P_t \otimes Q_\tau)h(x,y)dtd\tau =$$

$$= \int_0^\infty\Big(\int_t^\infty \exp(-p(t+\tau))(P_t \otimes Q_\tau)h(x,y)d\tau\Big)dt +$$

$$+ \int_0^\infty\Big(\int_\tau^\infty \exp(-p(t+\tau))(P_t \otimes Q_\tau)h(x,y)dt\Big)d\tau .$$

Le premier terme du membre de droite de l'égalité est égal à:

$$\int_0^\infty\int_0^\infty \exp(-p(2t+\tau))(P_t \otimes Q_{t+\tau})h(x,y)dtd\tau =$$

$$= \int_0^\infty \exp(-p\tau)Q_\tau\Big(\int_0^\infty \exp(-2pt)(P_t \otimes Q_t)hdt\Big)(x,y)d\tau =$$

$$= (I_E \otimes V_p)W_{2p}h(x,y).$$

On vérifie de manière analogue que le deuxième terme est égal à $(U_p \otimes I_F)W_{2p}h(x,y)$, ce qui achève la démonstration.

<u>Théorème 7.</u> - Soient η et θ les mêmes mesures que dans le théorème précédent. Supposons que le semi-groupe (P_t) soit fortement fellérien. Alors $\eta \otimes \theta$ est une mesure fondamentale pour (R_t).

D'après le caractère fortement fellérien de (P_t), pour tout ensemble universellement mesurable Δ, l'application partielle $x \longrightarrow W_p((x,y),\Delta)$ $(\ast\ast)$ est continue. D'après le théorème 6, les ensembles $(\eta \otimes \theta)$-négligeables sont les ensembles de potentiel (η,θ)-négligeable. Il suffit donc de démontrer que ces derniers sont de potentiel nul. C'est immédiat, en vertu de la continuité de l'application $(\ast\ast)$, si l'on démontre que le complémentaire d'un ensemble η-négligeable est dense dans E. Soit G un voisinage ouvert de x, g une fonction continue à support compact telle que $g(x) > o$, $g \leqq 1_G$. D'après la continuité faible de (P_t), il existe $\varepsilon > o$ tel que $P_t g(x) > o$, pour tout $t < \varepsilon$. On en déduit que $P_t(x,G) > o$, pour les mêmes valeurs de t, donc que $U_p(x,G) > o$ et, par conséquent, que $\eta(G) > o$. Cela montre que, si x est un point intérieur d'un ensemble, cet ensemble n'est pas η-négligeable, ce qui signifie que le complémentaire d'un ensemble η-négligeable est dense dans E.

BATTELLE INSTITUTE
Advanced Studies Center
Geneva - Switzerland

UNIVERSITÉ DE STRASBOURG

Département de Mathématique

Novembre 1966

SÉMINAIRE DE PROBABILITÉS

=:=:=:=:=:=

Noyaux de convolution singuliers opérant sur les fonctions Höldériennes et Noyaux de convolution régularisants

par Philippe COURRÈGE

SOMMAIRE :

- L'opérateur de convolution associé en valeur principale à un noyau de Caldéron - Zygmund homogène de classe $C^{o,\mu}$ sur la sphère unité applique continûment $C_k^{p,\lambda}(R^n)$ dans $C^{p,\lambda}(R^n)$ si $0 < \lambda < \mu \leq 1$ (Théorème I, n° 3.2. et Théorème II, n° 3.3).

- Formule de dérivation sous le signe somme pour l'opérateur de convolution associé à un noyau homogène de degré $1-n$ (Théorème III, n° 4.2).

- Application : L'opérateur de convolution associé à un noyau homogène de degré $m-n$ et de classe $C^{m,\mu}$ sur la sphère unité applique $C_k^{p,\lambda}(R^n)$ dans $C^{p+m,\lambda}(R^n)$ si $0 < \lambda < \mu \leq 1$ (Théorème IV, n° 4.3). Cas particulier du potentiel Newtonien (n° 4.4).

§ 1 - Notations ; espaces de fonctions Höldériennes.

1.1.- Etant donné un entier $n \geq 1$, on désigne par $C^p(\Omega)$ (p entier ≥ 0, Ω ouvert de R^n) l'espace des fonctions à valeurs complexes définies sur Ω et ayant des dérivées jusqu'à l'ordre p continues, et par $C_k^p(\Omega)$ (resp. $C_K^p(\Omega)$) le sous-espace de $C^p(\Omega)$ formé des fonctions de $C^p(\Omega)$ à support compact (resp. à support contenu dans le compact K). On pose $C(\Omega) = C^o(\Omega)$, $C_k(\Omega) = C_k^o(\Omega)$ et $C_k^\infty(\Omega) = \bigcap_p C_k^p(\Omega)$.

On pose en outre,

$$D_i f = \frac{\partial f}{\partial x^i}(x) \qquad [1 \leq i \leq n \;,\; f \in C^1(\Omega)]$$

$$D^\beta f = \frac{\partial^{|\beta|} f}{\partial x_1^{\beta_1} \partial x_2^{\beta_2} \dots \partial x_n^{\beta_n}} \quad [\beta = (\beta_1, \dots, \beta_n) \in N^n, |\beta| = \sum_{i=1}^n \beta_i, f \in C^{|\beta|}(\Omega)] .$$

1.2.- Normes et espaces de fonctions Höldériennes. Si $0 < \lambda \leq 1$, on pose,

$$[f]_{0,\lambda} = \sup_{\substack{x' \in R^n, x'' \in R^n \\ x' \neq x''}} \frac{|f(x'') - f(x')|}{|x'' - x'|^\lambda} \qquad (f \in C(R^n))$$

$$[f]_{p,\lambda} = \sum_{|\beta| = p} [D^\beta f]_{0,\lambda} \qquad (f \in C^p(R^n), p \text{ entier} \geq 0) .$$

On désigne par $C^{p,\lambda}(R^n)$ le sous-espace de $C^p(R^n)$ formé des fonctions $f \in C^p(R^n)$ ayant toutes leurs dérivées jusqu'à l'ordre p bornées et telles que $[f]_{p,\lambda} < +\infty$.

Pour $f \in C^{p,\lambda}(R^n)$, on pose

$$\|f\|_{p,\lambda} = \sum_{0 \leq |\beta| \leq p} \|D^\beta f\| + [f]_{p,\lambda} \qquad (^1)$$

---

(1) Si $f \in C(R^n)$ est bornée, on pose $\|f\| = \sup_{x \in R^n} |f(x)|$.

On désigne par $C_k^{p,\lambda}(R^n)$ (resp. $C_K^{p,\lambda}(R^n)$) le sous-espace de $C^{p,\lambda}(R^n)$ formé des fonctions à support compact (resp. à support compact contenu dans le compact K), et par $C_{loc}^{p,\lambda}(\Omega)$ (Ω ouvert de R^n) le sous-espace de $C^p(\Omega)$ formé des fonctions f telles que $\varphi f \in C_k^{p,\lambda}(R^n)$ pour tout $\varphi \in C_k^{\infty}(\Omega)$.

On a alors, en vertu de la formule de Taylor,

(1.1) $$C^{p+1}(\Omega) \subset C_{loc}^{p,\lambda}(\Omega)$$

(p entier ≥ 0, $0 < \lambda \leq 1$)

(1.2) $$C_k^{p+1}(R^n) \subset C_k^{p,\lambda}(R^n) \subset C_k^p(R^n) .$$

Les espaces $C^{p,\lambda}(R^n)$ et $C_K^{p,\lambda}(R^n)$ seront toujours munis de la topologie associée à la norme $\| \ \|_{p,\lambda}$ qui en fait des espaces de Banach.

1.3. - On note Σ_n la sphère unité de R^n ($\Sigma_n = \{z | z \in R^n \text{ et } |z| = 1\}$) et σ_n la mesure Riemanienne sur Σ_n associée à la métrique Riemanienne induite par la métrique euclidienne sur R^n ("mesure superficielle"). Posant $\omega_n = \sigma_n(\Sigma_n)$, on rappelle que,

$$\tau_n = \int_{|y| \leq 1} dy = \frac{\omega_n}{n} \quad \text{(en particulier } \omega_1 = 2)$$

On rappelle en outre la formule de désintégration de la mesure de Lebesgue sur R^n en coordonnées polaires,

(1.3) $$\int_{R^n} f(y)\, dy = \int_0^{+\infty} \rho^{n-1}\, d\rho \int_{\Sigma_n} f(\rho\theta)\sigma_n(d\theta) \qquad (f \in C_k(R^n)) .$$

§ 2 - Opérateur de convolution associé à un noyau singulier .

2.1. - Un noyau singulier (sur R^n) sera ici une fonction $k \in C(R^n \backslash \{0\})$ positivement homogène de degré $-n$:

(2.1) $$k(tz) = t^{-n} k(z) \qquad (z \in R^n \setminus \{0\}, t > 0) \quad .$$

Pour un tel noyau, on pose, pour $\epsilon > 0$,

(2.2) $$k_\epsilon(z) = 1_{R^n \backslash B_\epsilon(0)}(z)\ k(z) \qquad (z \in R^n) \quad (^2)$$; ou encore ,

$$k_\epsilon(z) = k(z) \text{ si } |z| \geq \epsilon \text{ et } k_\epsilon(z) = 0 \text{ si } |z| < \epsilon \quad .$$

Alors $k_\epsilon \in \mathcal{L}^1_{loc}(R^n)$, et définit un opérateur de convolution $f \to k_\epsilon * f$ appliquant $C_k(R^n)$ dans $C(R^n)$. On va étudier

$$\lim_{\epsilon \downarrow 0} k_\epsilon * f(x) = \lim_{\epsilon \downarrow 0} \int_{|z| \geq \epsilon} k(z) f(x-z) dz \ .$$

PROPOSITION . - Soient k un noyau singulier, et $0 < \lambda \leq 1$.

(1) Si $\lim_{\epsilon \downarrow 0} k_\epsilon * f(x)$ existe pour tout $f \in C_k^{o,\lambda}(R^n)$ et $x \in R^n$, alors ,

(2.3) $$\int_{\Sigma_n} k(\theta)\, \sigma_n(d\theta) = 0 \quad .$$

(2) Inversement, si (2.3) est satisfaite, $\lim_{\epsilon \downarrow 0} k_\epsilon * f(x)$ existe pour tout $f \in C_k^{o,\lambda}(R^n)$ et $x \in R^n$, la convergence ayant lieu uniformément en $x \in R^n$.

(^{1}) $B_\epsilon(x) = \{z \mid z \in R^n \text{ et } |z-x| < \epsilon\}$; si $W \subset R^n$, $1_W(z) = 1$ si $z \in W$ et $1_W(z) = 0$ si $z \notin W$.

En effet, R étant un nombre > 0, on a, pour $f \in C_k^{o,\lambda}(R^n)$ et $\epsilon < R$,

$$\int_{|z|\geq\epsilon} k(z)\, f(x-z)dz = \int_{R>|z|\geq\epsilon} k(z)[f(x-z)-f(x)]\, dz + \int_{|z|\geq R} k(z)f(x-z)dz + f(x)\log\frac{R}{\epsilon}\int_{\Sigma_n} k(\theta)\sigma_n(d\theta),$$

ainsi qu'il résulte de (1.3) et de l'homogénéité (2.1) de k.

On conclut alors en remarquant d'une part que la fonction $z \longrightarrow 1_{B_R(0)}(z)\, k(z)[f(x-z) - f(x)]$ est sommable dans R^n puisque,

$$|k(z)[f(x-z)-f(x)]| \leq \sup_{\theta\in\Sigma_n}|k(\theta)| \cdot [f]_{o,\lambda}\, |z|^{\lambda-n} \quad ; \tag{2.4}$$

et d'autre part que, pour $x \in R^n$,

$$\lim_{\epsilon\downarrow 0}\int_{R>|z|\geq\epsilon} k(z)[f(x-z)-f(x)]dz = \int_{|z|\geq\epsilon} k(z)[f(x-z)-f(x)]dz\,,$$

la limite étant atteinte uniformément en x, en vertu de ce que, d'après (2.4) et (1.3),

$$\left|\int_{\epsilon_2>|z|\geq\epsilon_1} k(z)[f(x-z)-f(x)]dz\right| \leq \sup_{\theta\in\Sigma_n}|k(\theta)|\, [f]_{o,\lambda}\, \frac{\omega_n}{\lambda}(\epsilon_2^\lambda - \epsilon_1^\lambda)\,.$$

c. q. f. d.

2.2. - Ainsi, à un noyau singulier k <u>d'intégrale nulle sur la sphère unité</u> [propriété (2.3)], on associe une application linéaire $\widetilde{k}$ de $C_k^{o,\lambda}(R^n)$ $(0<\lambda\leq 1)$ dans $C(R^n)$ en posant,

$$\widetilde{k}f(x) = \lim_{\epsilon\downarrow 0} k_\epsilon * f(x) = \lim_{\epsilon\downarrow 0}\int_{|z|\geq\epsilon} k(z)f(x-z)dz\,, \tag{2.5}$$

et on a aussi, pour chaque $R > 0$

$$\widetilde{k}f(x) = \int_{|z|<R} k(z)[f(x-z) - f(x)]\, dz + \int_{|z|\geq R} k(z)f(x-z)\, dz \qquad (x\in R^n,\ f\in C_k^{o,\lambda}(R^n))\,. \tag{2.6}$$

En outre, si, pour chaque $f \in C_k^{\infty}(R^n)$; on pose

(2.7) $$< Vpk, f > = \tilde{k}\check{f}(0) = \lim_{\epsilon \downarrow 0} \int_{|z| \geq \epsilon} k(z)f(z)dz \qquad (^1) ,$$

on définit une distribution Vpk sur R^n appelée <u>la distribution valeur principale de k</u>. Et on a,

(2.8) $$Vpk * f = \tilde{k}f \qquad \text{pour tout } f \in C_k^{o,\lambda}(R^n) \quad .$$

Cette relation est vraie, pour $f \in C_k^{\infty}(R^n)$ par définition de Vpk (relation (2.7)). Si $f \in C_k^{o,\lambda}(R^n)$, on a, pour $\varphi \in C_k^{\infty}(R^n)$,

$$\begin{aligned} < Vpk * f, \varphi > &= (Vpk * f) * \check{\varphi}(0) = Vpk * (f * \check{\varphi})(0) \\ &= \tilde{k}(f * \check{\varphi})(0) \quad , \text{ puisque } f * \check{\varphi} \in C_k^{\infty}(R^n) \\ &= \lim_{\epsilon \downarrow 0} k_\epsilon * (f * \check{\varphi})(0) = \lim_{\epsilon \downarrow 0} < k_\epsilon * f, \varphi > \\ &= < \tilde{k}f, \varphi > \quad \text{ puisque } \lim_{\epsilon \downarrow 0} k_\epsilon * f = \tilde{k}f \end{aligned}$$

uniformément d'après la proposition 2.1. D'où (2.8), φ étant arbitraire.

2.3. - <u>Exemple classique de l'opérateur de Hilbert</u>.

<u>Cas n = 1</u> - $k(z) = \frac{1}{z}$ $(z \in R \ , \ z \neq 0)$

<u>Cas n > 1</u> - $k(z) = z_j |z|^{-(n+1)}$ $(z = (z_i) \in R^n , \ z \neq 0 \ , \ 1 \leq j \leq n)$.

§ 3 - <u>Noyaux singuliers de Calderón - Zygmund de classe $C^{o,\mu}$</u>.

3.1. - On appellera <u>noyau singulier de Calderón - Zygmund de classe $C^{o,\mu}$</u> $(0 < \mu \leq 1)$ un noyau singulier k (n° 2.1) tel que

(3.1) $$k \in C_{loc}^{o,\mu}(R^n - \{0\})$$

(3.2) $$\int_{\Sigma_n} k(\theta)\, \sigma_n(d\theta) = 0 \quad .$$

(1) $\check{f}(x) = f(-x)$; toujours sous l'hypothèse (2.3) sur k.

Pour un tel noyau, on posera,

(3.3) $$\|k\|_{o,\mu,\Sigma_n} = \sup_{\theta\in\Sigma_n} |k(\theta)| + \sup_{\substack{\theta'\in\Sigma_n,\theta''\in\Sigma_n\\ \theta'\neq\theta''}} \frac{|k(\theta'') - k(\theta')|}{|\theta''-\theta'|^\mu} .$$

En vertu de (3.1), $\|k\|_{o,\mu,\Sigma_n} < +\infty$; inversement, si k est un noyau singulier tel que $\|k\|_{o,\mu,\Sigma_n} < +\infty$, alors $k \in C^{o,\mu}_{loc}(R^n \setminus \{0\})$, ainsi qu'il résulte du lemme suivant :

LEMME.- Pour $0 < \mu \leq 1$ et $0 < \alpha < 1$, on pose,

$$M_{\alpha,\mu} = 2^\mu + \operatorname*{Sup}_{1-\alpha\leq s\leq 1+\alpha} \frac{|s^n - 1|}{|s-1|^\mu} \quad (\text{on a } M_{\alpha,\mu} < +\infty) .$$

Alors, si k est un noyau singulier sur R^n (n° 2.1),

(3.4) $$|k(z') - k(z)| \leq M_{\alpha,\mu} \|k\|_{0,\mu,\Sigma_n} |z'-z|^\mu \, |z|^{-(n+\mu)}$$

pour tout $z \in R^n \setminus \{0\}$, $z' \in R^n \setminus \{0\}$ tels que $|z'-z| \leq \alpha |z|$.

En effet, posant $|z| = \rho$, $|z'| = \rho'$, $z_1 = \rho^{-1} z$ et $z'_1 = \rho'^{-1} z'$, on a, d'une part,

$$\begin{aligned} |k(z') - k(z)| &= |\rho'^{-n} k(z'_1) - \rho^{-n} k(z_1)| \\ &\leq \rho^{-n} \{ |k(z'_1) - k(z_1)| + |k(z'_1)| \, |(\tfrac{\rho'}{\rho})^{-n} - 1| \} \\ &\leq \rho^{-n} \|k\|_{0,\mu,\Sigma_n} \{ |z'_1 - z_1|^\mu + |(\tfrac{\rho'}{\rho})^{-n} - 1| \} . \end{aligned}$$

D'autre part, puisque $|\rho'-\rho| \leq |z'-z|$,

$$|z'_1 - z_1| \leq \frac{1}{\rho} |z'-z| + \rho' \left|\frac{1}{\rho} - \frac{1}{\rho'}\right| \leq 2\rho^{-1} |z'-z| .$$

Enfin, $|z'-z| \leq \alpha |z|$ entraîne que $(1-\alpha)\rho \leq \rho' \leq (1+\alpha)\rho$.

D'où le lemme, puisque $\displaystyle\sup_{1-\alpha\leq s\leq 1+\alpha} \frac{|s^{-n} - 1|}{|s-1|^\mu} < +\infty$.

c.q.f.d.

Puisque $C^1(R^n\setminus\{0\}) \subset C^{o,\mu}_{loc}(R^n\setminus\{0\})$ $(0 < \mu \leq 1)$, tout noyau singulier k d'intégrale nulle sur la sphère unité (relation (3.2)) et de classe C^1 sur $R^n\setminus\{0\}$ est un noyau de Calderón - Zygmund de classe $C^{o,\mu}$. Il en est ainsi, en particulier, de l'opérateur de Hilbert (n° 2.3).

3.2 - THÉORÈME I. - Soient λ et μ deux nombres réels tels que $0 < \lambda < \mu \leq 1$, et k un noyau singulier de Calderón - Zygmund de classe $C^{o,\mu}$. Alors,

(1) il existe une constante $C_{\lambda,\mu} > 0$ [1] telle que, pour tout $f \in C^{o,\lambda}_K(R^n)$,

$$[\tilde{k}f]_{o,\lambda} \leq C_{\lambda,\mu} \|k\|_{o,\mu,\Sigma_n} [f]_{o,\lambda} \tag{3.5}$$

(2) pour chaque compact K de R^n, il existe une constante $C^K_{\lambda,\mu} > 0$ [1] telle que, pour tout $f \in C^{o,\lambda}_K(R^n)$, $\tilde{k}f \in C^{o,\lambda}(R^n)$ et

$$\|\tilde{k}f\|_{o,\lambda} \leq C^K_{\lambda,\mu} \|k\|_{o,\mu,\Sigma_n} \|f\|_{o,\lambda} \tag{3.6}$$

Pour établir (3.5), on considère une fonction $f \in C^{o,\lambda}_K(R^n)$ et deux points x et x' de R^n, et on pose $|x'-x| = d > 0$.

En vertu de (2.6), on a, pour R assez grand,

$$\tilde{k}f(x') = \int_{B_{2d}(x)} k(x'-y)[f(y)-f(x')]dy + \int_{B_R(x')\setminus B_{2d}(x)} k(x'-y)[f(y)-f(x')]dy \quad ,$$

puisque, f étant à support dans K, $\int_{R^n\setminus B_R(x')} k(x'-y)f(y)dy = 0$ dès que $B_R(x') \supset K$.

De même,

$$\tilde{k}f(x) = \int_{B_{2d}(x)} k(x-y)[f(y)-f(x)]dy + \int_{B_R(x)\setminus B_{2d}(x)} k(x-y)[f(y)-f(x)]\,dy$$

$$= \int_{B_{2d}(x)} k(x-y)[f(y)-f(x)]dy + \int_{B_R(x)\setminus B_{2d}(x)} k(x-y)[f(y)-f(x')]\,dy ,$$

puisque $\int_{B_R(x)\setminus B_{2d}(x)} k(x-y)\,dy = 0$ d'après l'hypothèse (3.2).

---

[1] dépendant aussi de n, <u>mais pas de k</u>.

Ainsi, pour R assez grand,

(3.7) $\mathcal{K}f(x') - \mathcal{K}f(x) = I_1 - I_2 + I_3(R) + I_4(R) - I_5(R)$, où

$$I_1 = \int_{B_{2d}(x)} k(x'-y)[f(y)-f(x')]\,dy\ , \qquad I_2 = \int_{B_{2d}(x)} k(x-y)[f(y)-f(x)]\,dy$$

$$I_3(R) = \int_{B_R(x')\cap B_R(x)\setminus B_{2d}(x)} [k(x'-y)-k(x-y)][f(y)-f(x')]\,dy\ ,$$

$$I_4(R) = \int_{B_R(x')\setminus(B_R(x')\cap B_R(x))} k(x'-y)[f(y)-f(x')]\,dy \quad \text{et} \quad I_5(R) = \int_{B_R(x)\setminus(B_R(x')\cap B_R(x))} k(x-y)[f(y)-f(x')]\,dy\ .$$

On majore alors séparément chacun de ces termes :

$$|I_1| \le \|k\|_{0,\mu,\Sigma_n} [f]_{0,\lambda} \int_{|y-x|\le 2d} \frac{dy}{|y-x|^{n-\lambda}} \le \|k\|_{0,\mu,\Sigma_n} [f]_{0,\lambda} \int_{|y-x'|\le 3d} \frac{dy}{|y-x'|^{n-\lambda}}\ ,$$

puisque $|y-x| \le 2d \Rightarrow |y-x'| \le 3d$; d'où

$$(3.8) \qquad |I_1| \le \|k\|_{0,\mu,\Sigma_n} [f]_{0,\lambda}\, \omega_n \int_0^{3d} \rho^{\lambda-1}\,d\rho = \|k\|_{0,\mu,\Sigma_n} [f]_{0,\lambda} \frac{\omega_n}{\lambda} 3^\lambda d^\lambda\ ,$$

d'après (1.3) ; et, de même ,

$$(3.9) \qquad |I_2| \le \|k\|_{0,\mu,\Sigma_n} [f]_{0,\lambda} \frac{\omega_n}{\lambda} 2^\lambda d^\lambda\ .$$ Ensuite ,

$$|I_3(R)| \le \int_{R^n\setminus B_{2d}(x)} |k(x'-y)-k(x-y)|\,|f(y)-f(x')|\,dy$$

$$\le M_{1/2,\mu} \|k\|_{0,\mu,\Sigma_n} [f]_{0,\lambda}\, d^\mu \int_{|y-x|\ge 2d} \frac{dy}{|y-x|^{n+\mu-\lambda}}\ ,$$

en vertu du lemme 3.1. ci-dessus,

$$\le M_{1/2,\mu} \|k\|_{0,\mu,\Sigma_n} [f]_{0,\lambda}\, \omega_n d^\mu \int_{2d}^{+\infty} \rho^{\lambda-\mu-1}\,d\rho \ ;$$ d'où

$$(3.10) \qquad |I_3(R)| \le M_{1/2,\mu} \, \|k\|_{0,\mu,\Sigma_n} [f]_{0,\lambda} \, \omega_n \, \frac{2^{\lambda-\mu}}{\mu-\lambda} \, d^{\lambda} \qquad ({}^1) \,..$$

Enfin

$$|I_4(R)| \le \int_{B_R(x')\setminus B_{R-d}(x')} |k(x'-y)| \, |f(y)-f(x')| \, dy \le \|k\|_{0,\mu,\Sigma_n} \|f\|_{0,\lambda} \int_{B_R(x')\setminus B_{R-d}(x)} \frac{dy}{|y-x'|^n}$$

$$= \|k\|_{0,\mu,\Sigma_n} \, \|f\| \, \omega_n \int_{R-d}^{R} \rho^{-1} \, d\rho = \|k\|_{0,\mu,\Sigma_n} \, \|f\| \, \omega_n \, \log \frac{R}{R-d} \quad ;$$

d'où $\lim_{R \to \infty} |I_4(R)| = 0$; et de même , $\lim_{R \to \infty} |I_5(R)| = 0$.

D'où la majoration (3.5), en vertu de (3.8) , (3.9), (3.10), en faisant tendre R vers l'infini dans (3.7) .

La majoration (3.6) n'offre alors pas de difficulté : prenant $f \in C_K^{o,\lambda}(R^n)$, on a, d'après (2.6) (avec $R = 1$) ,

$$|\tilde{k} f(x)| \le \|k\|_{0,\mu,\Sigma_n} [f]_{0,\lambda} \int_{|z|<1} \frac{dz}{|z|^{n-\lambda}} + \|k\|_{0,\mu,\Sigma_n} \|f\| \int_{\substack{|z|\ge 1 \\ z \in x-K}} \frac{dz}{|z|^n} \quad ;$$

$$\le \|k\|_{0,\mu,\Sigma_n} \, \|f\|_{0,\lambda} \, \left\{ \frac{\omega_n}{\lambda} + \tau_n(K) \right\} .$$

c.q.f.d.

---

(1) On note ici l'importance de l'hypothèse $\lambda < \mu$.

3.3.- THÉORÈME II.- Soient λ et μ deux nombres réels tels que $0 < \lambda < \mu \leq 1$, et k un noyau singulier de Calderón - Zygmund de classe $C^{o,\mu}$ (n° 3.1). Alors l'opérateur de convolution $\tilde{k}$ associé à k (n° 2.2) applique <u>continûment</u> $C_K^{p,\lambda}(R^n)$ dans $C^{p,\lambda}(R^n)$ (K compact de R^n, p entier ≥ 0) ; et on a,

(3.11) $$D^\beta(\tilde{k}f) = \tilde{k}(D^\beta f) \qquad (f \in C_k^{p,\lambda}(R^n),\ 0 \leq |\beta| \leq p)$$

En langage de la Théorie des distributions, la relation (3.11) résulte immédiatement du Théorème I : si $f \in C_k^{p,\lambda}(R^n)$, on a (en notant D' la dérivation au sens des distributions),

$$D'^\beta(\mathrm{Vp}\,k * f) = \mathrm{Vp}\,k * D'^\beta f = \mathrm{Vp}\,k * D^\beta f \in C^{o,\lambda}(R^n),$$

pour $0 \leq |\beta| \leq p$. D'où $\mathrm{Vp}\,k * f \in C^{p,\lambda}(R^n)$, et (3.11).

On peut aussi procéder directement à partir des noyaux k_ϵ : si $f \in C_k^{p,\lambda}(R^n)$, on a, pour $\epsilon > 0$

$$k_\epsilon * f \in C^p(R^n) \quad \text{et} \quad D^\beta(k_\epsilon * f) = k_\epsilon * D^\beta f$$

$(0 \leq |\beta| \leq p)$ par simple dérivation sous le signe somme (voir l'appendice ci-dessous) ; on conclut alors grâce à la convergence uniforme de $k_\epsilon * f$ vers $\tilde{k}f$ lorsque ϵ tend vers 0 (proposition 2.1).

La continuité de $\tilde{k}$ de $C_K^{p,\lambda}(R^n)$ dans $C^{p,\lambda}(R^n)$ résulte alors de (3.11), de la continuité de $\tilde{k}$ de $C_K^{o,\lambda}(R^n)$ dans $C^{o,\lambda}(R^n)$ [majoration (3.6), Théorème I], et de ce que la topologie de $C^{p,\lambda}(R^n)$ est engendrée par les applications $g \longrightarrow D^\beta g$ $(0 \leq |\beta| \leq p)$ de $C^{p,\lambda}(R^n)$ dans $C^{o,\lambda}(R^n)$.

c.q.f.d.

§ 4 - Dérivation sous le signe somme pour un noyau homogène de degré 1-n - Noyaux de convolution régularisants.

4.1 - Une classe importante de noyaux de Calderón - Zygmund est introduite par la proposition suivante :

PROPOSITION. - Soit h une fonction de $C^1(R^n \setminus \{0\})$, positivement homogène de degré $1-n$ ($h(tz) = t^{1-n} h(z)$, $t > 0$, $z \in R^n \setminus \{0\}$).
Alors, pour $1 \leq i \leq n$, $k_i = D_i h$ est un noyau singulier d'intégrale nulle sur la sphère unité (propriété (2.3), n° 2.1).

En effet, $k_i \in C(R^n \setminus \{0\})$, et il est élémentaire que k_i est homogène de degré $1-n-1 = -n$. Il reste donc à montrer que $\int_{\Sigma_n} k_i(\theta)\sigma_n(d\theta) = 0$. Pour cela [1], soit $\rho \in C^1(R)$ telle que, $\operatorname{Supp} \rho \subset [1,2]$ et $\int_0^{\infty} \frac{\rho(t)}{t} dt = 1$. Une intégration par parties donne,

$$\int_{R^n} D_i h(x)\, \rho(|x|)\, dx = - \int_{R^n} h(x)\rho'(|x|) \frac{x_i}{|x|}\, dx .$$

D'où, en calculant les deux membres en coordonnées polaires,

$$\int_0^{+\infty} \frac{\rho(r)}{r} dr \int_{\Sigma_n} D_i h(\theta)\, \sigma_n(d\theta) = - \int_0^{+\infty} \rho'(r)\, dr \int_{\Sigma_n} h(\theta).\theta_i \sigma_n(d\theta) \quad ;$$

et le résultat, puisque $\int_0^{+\infty} \frac{\rho(r)}{r} dr = 1$ et $\int_0^{+\infty} \rho'(r)\, dr = 0$.

c.q.f.d.

---

[1] Cette démonstration est empruntée à AGMON dans "Lectures on elliptic boundary Problems" (van Nostrand Math. Studies) page 152 .

4.2 - Si m est un nombre réel ≥ 1, et si $h \in C^1(R^n \setminus \{0\})$ est homogène de degré $m-n$, h appartient à $\mathcal{L}^1_{loc}(R^n)$; donc $h * f \in C(R^n)$ pour tout $f \in C(R^n)$. De plus, si $m > 1$, $D_i h$ est homogène de degré $m-1-n > -n$, donc $D_i h$ appartient aussi à $\mathcal{L}^1_{loc}(R^n)$ $(1 \leq i \leq n)$. On va chercher à calculer $D_i(h * f)$ (où f est a priori non dérivable) en dérivant sous le signe somme dans l'intégrale $\int_{R^n} h(x-y)f(y)dy$, bien que le Théorème classique à ce sujet (voir l'appendice) ne soit pas applicable à cause de la singularité de h à l'origine. Quoi qu'il en soit :

THÉORÈME III. - Soit h une fonction de $C^1(R^n\setminus\{0\})$ positivement homogène de degré $m-n$, avec $m \geq 1$ $(h(tz) = t^{m-n}h(z)$, $t > 0$, $z \in R^n\setminus\{0\})$. Alors,

(1) si $m > 1$, pour tout $f \in C_k(R^n)$, $h * f \in C^1(R^n)$, et

(4.1) $$D_i(h * f) = (D_i h) * f \qquad (1 \leq i \leq n) .$$

(2) si $m = 1$, pour tout $f \in C_k^{o,\lambda}(R^n)$ $(0 < \lambda \leq 1)$, $h * f \in C^1(R^n)$, et

(4.2) $$D_i(h * f) = (Vp\, D_i h) * f + C_i(h) f \qquad ([1]) \text{, où}$$

(4.3) $$C_i(h) = \int_{\Sigma_n} h(\theta)\, \theta_i\, \sigma_n(d\theta) \qquad (1 \leq i \leq n).$$

La démonstration repose sur le lemme suivant :

LEMME. - Étant donnée une fonction $g \in C_k(R^n)$ et $\varepsilon > 0$, on pose,

$$g_\varepsilon(x) = \int_{|y-x| \geq \varepsilon} g(y)dy \quad (x \in R^n). \text{ Alors, } g_\varepsilon \in C^1(R^n) \text{, et}$$

(4.4) $$D_i g_\varepsilon(x) = -\varepsilon^{n-1} \int_{\Sigma_n} g(x+\varepsilon\theta)\, \theta_i \sigma_n(d\theta) \qquad (x \in R^n,\ 1 \leq i \leq n).$$

([1]) voir les n°s 4.1 et 2.2 ci-dessus.

En effet, posant $X_\varepsilon = 1_{R^n \setminus B_\varepsilon(0)}$ ($X_\varepsilon(y) = 0$ si $|y| < \varepsilon$ et $X_\varepsilon(y) = 1$ si $|y| \geq \varepsilon$), on a $g_\varepsilon = X_\varepsilon * g$. Il en résulte par dérivation sous le signe somme (voir l'appendice) que, si $g \in C_k^1(R^n)$, $g_\varepsilon \in C^1(R^n)$, et $D_i g_\varepsilon = X_\varepsilon * D_i g$; c'est-à-dire, $D_i g_\varepsilon(x) = \int_{|y| \geq \varepsilon} D_i g(x+y)dy = \varepsilon^n \int_{|z| \geq 1} D_i g(x+\varepsilon z)\, dz$; d'où (4.4) en intégrant par parties sur la variété à bord $R^n \setminus B_1(0) = M$ selon la formule $\int_M \mathrm{div}\, Z\, d\tau = \int_{\partial M} Z.n d\sigma$ où Z est le champ de vecteurs défini par $Z_j = 0$ ($j \neq i$), et $Z_i(z) = g(x+\varepsilon z)$ ($z \in R^n \setminus B_1(0)$)[1].

On passe ensuite au cas général ($g \in C_k$) en considérant une suite (g_n) de fonctions de C_k^1 convergeant uniformément vers g.

c. q. f. d.

On établit alors comme suit le théorème III : on désigne par f une fonction de $C_k(R^n)$, et, pour $\varepsilon > 0$, on pose,

$$X_\varepsilon = 1_{R^n \setminus B_\varepsilon(0)} \quad \text{comme ci-dessus, et}$$

(4.5) $$\Phi_\varepsilon(x,z) = \int_{R^n} X_\varepsilon(x-y)h(z-y)f(y)dy \qquad (x \in R^n,\ z \in R^n) \text{, et}$$

(4.6) $$\varphi_\varepsilon(x) = \Phi_\varepsilon(x,x) = \int_{|y-x| \geq \varepsilon} h(x-y)f(y)\, y\ .$$

On va montrer que la fonction Φ_ε est de classe C^1 sur $\{(x,z) \mid |x-z| < \varepsilon/2\}$. En effet, d'abord, pour x fixé, $\Phi_\varepsilon(x,\cdot)$ est de classe C^1 sur $\{z \mid |z-x| < \varepsilon/2\}$, et on a,

(4.7) $$\frac{\partial}{\partial z_i} \Phi_\varepsilon(x,z) = \int_{R^n} X_\varepsilon(x-y)D_i h(z-y)f(y)dy \qquad (|z-x| < \varepsilon/2),$$

---

(1) ceci pour $n \geq 2$; pour $n = 1$, le lemme résulte d'un calcul direct élémentaire.

par dérivation sous le signe somme [le théorème rappelé dans l'appendice justifie une telle dérivation car la fonction $(z,y) \longrightarrow X_\epsilon(x-y)D_i h(z-y)f(y)$ est bornée pour $|z-x| < \epsilon/2$ et $y \in R^n$] .

Par ailleurs, désignant par γ_ϵ une fonction numérique de classe C^∞ sur R^n , nulle au voisinage de 0 et égale à 1 hors de $B_{\epsilon/2}(0)$, on a , pour z fixé et $|x-z| < \epsilon/2$

$\Phi_\epsilon(x,z) = \int_{R^n} X_\epsilon(x-y)\gamma_\epsilon(z-y)h(z-y)f(y)dy$ ce qui montre que, en vertu du lemme , $\Phi_\epsilon(\cdot,z)$ est de classe C^1 sur $\{x \mid |x-z| < \epsilon/2\}$, et que, pour $|x-z| < \epsilon/2$,

(4.8) $$\frac{\partial}{\partial x_i} \Phi_\epsilon(x,z) = -\epsilon^{n-1} \int_{\Sigma_n} h(z-x-\epsilon\theta)\, f(x+\epsilon\theta)\, \theta_i \sigma_n(d\theta) .$$

Conjuguant alors (4.7) et (4.8) , on obtient que φ_ϵ est de classe C^1 sur R^n , et que, pour $x \in R^n$,

(4.9) $$\begin{aligned} D_i\varphi_\epsilon(x) &= \int_{|y-x|\geq\epsilon} D_i h(x-y)f(y)dy - \epsilon^{n-1} \int_{\Sigma_n} h(-\epsilon\theta)f(x+\epsilon\theta)\theta_i\sigma_n(d\theta) , \\ &= \int_{|y-x|\geq\epsilon} D_i h(x-y)f(y)dy + \epsilon^{m-1} \int_{\Sigma_n} h(\theta)f(x-\epsilon\theta)\theta_i\sigma_n(d\theta) \end{aligned}$$

en vertu de l'homogénéité de h .

Faisant tendre alors ϵ vers zéro dans (4.9), on voit que, le premier terme au second membre tend vers $D_i h * f(x)$ si $m > 1$, et vers $(\mathrm{vp}\, D_i h) * f(x)$ si $m = 1$ et $f \in C_k^{o,\lambda}(R^n)$ (proposition 2.1), et le second terme vers 0 si $m > 1$ et vers $C_i(h)\, f(x)$ si $m = 1$, et ceci uniformément sur R^n . D'où le théorème, puisque $\lim_{\epsilon \downarrow 0} \varphi_\epsilon(x) = h * f(x)$.

c. q. f. d.

4.3 - Noyaux de convolution m fois régularisants. Soient m un entier ≥ 1, et $\nu \in C^m(R^n \setminus \{0\})$ une fonction positivement homogène de degré $m-n$. Alors, pour $0 \leq |\beta| < m-1$, $D^\beta \nu \in C^{m-|\beta|}(R^n \setminus \{0\})$ est homogène de degré $m - |\beta| - n > -n$, donc $D^\beta \nu \in \mathcal{L}^1_{loc}(R^n)$, et par application répétée du Théorème III (propriété (1)), on obtient,

pour tout $f \in C_k(R^n)$, $\nu * f \in C^{m-1}(R^n)$ et

(4.10) $$D^\beta(\nu * f) = D^\beta \nu * f \qquad (0 \leq |\beta| \leq m-1) \quad .$$

En outre, si $|\beta| = m-1$, $D^\beta \nu \in C^1(R^n \setminus \{0\})$ est homogène de degré $1-n$; donc, d'après le théorème III (propriété (2)), pour tout $f \in C_k^{o,\lambda}(R^n)$ $(0 < \lambda \leq 1)$, $\nu * f \in C^m(R^n)$, et

(4.11) $$D_i D^\beta(\nu * f) = \text{vp } D_i D^\beta \nu) * f + C_i(D^\beta \nu) f \quad .$$

Enfin, en conjuguant ce résultat avec le Théorème II (n° 3.3), on obtient :

THÉORÈME IV. - Soient λ et μ deux nombres réels tels que $0 < \lambda < \mu \leq 1$, et $\nu \in C^{m,\mu}_{loc}(R^n \setminus \{0\})$ une fonction homogène de degré $m - n$ (m entier ≥ 1). Alors, l'opérateur de convolution $f \longrightarrow \nu * f$ associé à ν applique continûment $C_K^{p,\lambda}(R^n)$ dans $C^{p+m,\lambda}(R^n)$ (p entier ≥ 0, K compact de R^n).

4.4 - Application au noyau Newtonien.

Supposant $n \geq 3$, on pose

$$\nu(z) = \frac{1}{(n-2)\omega_n} |z|^{2-n} \qquad (z \in R^n \setminus \{0\}) .$$

Alors (Théorème IV) :

PROPOSITION - Soit λ un nombre réel tel que $0 < \lambda < 1$.

(1) Pour tout $f \in C_k^{o,\lambda}(R^n)$, $\nu * f \in C^{2,\lambda}(R^n)$ et

(4.12) $$\Delta(\nu * f) = -f .$$

(2) Pour tout compact K de R^n et tput entier $p \geq 0$, il existe une constante $C^K_{p,\lambda} > 0$ telle que, pour tout $f \in C_K^{p,\lambda}(R^n)$,

(4.13) $$\|\nu * f\|_{p+2,\lambda} \leq C^K_{p,\lambda} \|f\|_{p,\lambda}$$

Un contre-exemple. Le noyau newtonien ν n'applique pas $C_k(R^n)$ dans $C^2(R^n)$:

On désigne par θ une fonction continue numérique de variable réelle telle que,

$$\theta(u) = 0 \quad \text{pour} \quad u \leq 0$$
$$\theta(u) = \frac{1}{\log \frac{1}{u}} \quad \text{pour} \quad 0 < u < \alpha \qquad (0 < \alpha < 1)$$
$$\theta(u) = 0 \quad \text{pour} \quad u \geq 1 \quad .$$

On désigne, d'autre part, par ψ une fonction de $C_k^\infty(R^n)$ égale à 1 au voisinage de 0 ; et on pose

$$f(x) = \psi(x)\, \theta(x_1^2 - \sum_{j=2}^{n} x_j^2) \quad .$$

Alors, $f \in C_k(R^n)$, et $\nu * f$ n'a pas de dérivée seconde par rapport à x_1 à l'origine.

Appendice. - Un théorème de dérivation sous le signe somme.

THÉORÈME. - Soient $I = [a, b]$ un intervalle compact de R, λ la mesure de Lebesgue sur I, Y un espace mesurable, et τ une mesure σ-finie sur Y. On désigne par $F : (t, y) \to F(t, y)$ une fonction mesurable sur $I \times Y$ ayant les propriétés suivantes :

(a) pour tout $y \in Y$, $F(\cdot, y)$ est de classe C^1 sur I ; on pose

(1) $F'(t,y) = \frac{d}{ds}\Big/ F(s,y)_{s=t} \qquad (t \in I, \ y \in Y)$.

(b) $\int_a^b dt \int_Y \tau(dy)\, |F'(t,y)| < +\infty$

(c) la fonction $t \to \int_Y F'(t,y)\, \tau(dy)$ [définie presque partout sur I d'après (b)] est continue sur I.

(d) il existe $t_o \in I$ tel que $F(t_o, \cdot) \in L^1(Y, \tau)$.

Alors, $F(t, .) \in L^1(Y, \tau)$ pour tout $t \in I$, la fonction $t \to \Phi(t) = \int_Y F(t,y)\, \tau(dy)$ est de classe C^1 sur I, et on a,

(2) $$\Phi'(t) = \int_Y F'(t,y)\, \tau(dy) \quad \text{pour tout } t \in I.$$

En effet, supposant, par exemple, que $t_o = a$ (hypothèse (d)), on pose

(3) $$\psi(t) = \int_a^t ds \int_Y F'(s,y)\,\tau(dy) \qquad (t \in I)$$

$\psi(t)$ est bien défini, pour chaque $t \in I$, en vertu de (b), et, en vertu de (c), ψ est de classe C^1 sur I et

(4) $$\psi'(t) = \int_Y F'(t,y)\,\tau(dy) \quad \text{pour tout } t \in I .$$

Par ailleurs, d'une part en vertu de (a), on a

(5) $$\int_a^t F'(s,y)ds = F(t,y) - F(a,y) \quad \text{pour } t \in I ,\ y \in Y ;$$

d'autre part, en vertu de (b), l'application

$y \longrightarrow \int_a^t F'(s,y)\,ds$ est dans $L^1(Y,\tau)$, donc aussi, d'après (5), l'application $F(t,\cdot)(t \in I)$ puisque $F(a,\cdot) \in L^1(Y,\tau)$ en vertu de (d).

Finalement, le théorème de Fubini appliqué au second membre de (3) donne, compte tenu de (5),

(6) $$\psi(t) = \int_Y F(t,y)\,\tau(dy) - \int_Y F(a,y)\,\tau(dy) .$$

D'où le théorème en rapprochant (4) et (6)

c. q. f. d.

Université de Strasbourg
Séminaire de Probabilités

UN COMPLÉMENT AU THÉORÈME DE WEIERSTRASS-STONE

par Claude DELLACHERIE

La démonstration classique du théorème de Stone-Weierstrass utilise la proposition suivante : si $\underline{\underline{H}}$ est une algèbre de fonctions réelles bornées, qui contient les constantes, et qui est fermée pour la convergence uniforme, alors $\underline{\underline{H}}$ est stable pour les opérations latticielles $\vee$ (sup) et $\wedge$ (inf). La réciproque de cette proposition, bien que très simple, semble être peu connue. Après l'avoir établie, nous avons découvert qu'elle se trouvait déjà (sous une forme un peu plus générale) dans un article de G. NÖBELING et H.BAUER : Allgemeine Approximationskriterien mit Anwendungen , Jahresbericht der DMV, 58 (1955) p. 54-72. Les démonstrations ci-dessous sont tellement simples qu'elles méritent peut être d'être publiées tout de même!

PROPOSITION.- Soit $\underline{\underline{H}}$ un espace vectoriel de fonctions réelles bornées définies dans un ensemble E, contenant les constantes, fermé pour la convergence uniforme et stable pour les opérations latticielles ; $\underline{\underline{H}}$ est alors une algèbre.

Il suffit évidemment de montrer que la relation $f\in\underline{\underline{H}}$ entraîne $f^2\in\underline{\underline{H}}$. Soit $M = \sup |f(x)|$, et soit C_f l'ensemble des fonctions réelles continues ϕ sur l'intervalle $[-M,+M]$, telles que $\phi\circ f\in\underline{\underline{H}}$. Il est clair que C_f est un espace vectoriel, stable pour les opérations latticielles, contenant les constantes, fermé pour la convergence uniforme . D'autre part, l'application identique appartenant à C_f, C_f sépare les points de $[-M,M]$; C_f contient donc toutes les fonctions continues d'après le théorème de Stone-Weierstrass, et en particulier la fonction $x \mapsto x^2$, ce qui démontre la proposition.

On obtient une autre démonstration, plus "élémentaire", en remarquant que $x^2 = 2\int_{-M}^{M} |x-t|dt - 2M^2$ sur l'intervalle $[-M,M]$ (noter que la dérivée seconde de $|x-t|$ au sens des distributions est une masse unité au point x). En approchant cette intégrale par des sommes de Riemann, on voit que f^2 est limite uniforme de combinaisons linéaires de fonctions de la forme $|f-t|$, qui appartiennent à $\underline{\underline{H}}$.

Cette proposition permet de simplifier plusieurs démonstrations en théorie des processus de Markov. Soit (P_t) un semi-groupe de HUNT sur un espace localement compact à base dénombrable E : lorsque (P_t) est fellérien, l'espace $\underline{\underline{C}}_0(E)$ est une <u>algèbre</u> de fonctions bornées sur E, qui se comportent très bien sur les trajectoires du processus (X_t), et cette algèbre est invariante par le semi-groupe. La proposition ci-dessus permet de construire une telle algèbre dans le cas général. Soit un $p>0$, et soit $\underline{\underline{R}}$ le cône des fonctions p-excessives régulières bornées (f p-excessive est régulière si et seulement si a) pour toute suite croissante $T_n \uparrow T$ de temps d'arrêt on a p.s. $f\circ X_T = \lim_n f\circ X_{T_n}$ sur $\{T<\infty\}$, ou si b) $A_{\varepsilon t}$ désignant l'ensemble $\{f-e^{-pt}P_tf > \varepsilon\}$, on a $\lim_{t\to 0} P^p_{A_{\varepsilon t}} = 0$ pour tout $\varepsilon>0$). On vérifie sans peine que $\underline{\underline{R}}$ est stable pour l'opération $\wedge$, et que si $f\in\underline{\underline{R}}$ on a aussi $P_tf\in\underline{\underline{R}}$ pour tout t. Soit alors $\underline{\underline{H}}$ l'adhérence de $\underline{\underline{R}}-\underline{\underline{R}}$ pour la convergence uniforme : $\underline{\underline{H}}$ est une algèbre invariante par le semi-groupe , et il est bien connu que les fonctions de $\underline{\underline{H}}$ ont un très bon comportement sur les trajectoires de (X_t) .

DÉPARTEMENT DE MATHÉMATIQUE
STRASBOURG

Séminaire de Probabilités — Novembre 1966

SÉRIES DE DISTRIBUTIONS ALÉATOIRES INDÉPENDANTES

(par X. Fernique)

Exposé I : Généralités sur les distributions aléatoires .

§ 1 : TOPOLOGIES SUR $\mathcal{D}_K$ ET $\mathcal{D}$. ([1], [2], [3]).

1.- Pour toute partie compacte K de $\mathbb{R}$, on note $\mathcal{D}_K$ l'espace des fonctions indéfiniment différentiables à support compact contenu dans K muni de la topologie de la convergence uniforme pour les fonctions et chacune de leurs dérivées ([1], p. 64). Un système fondamental de semi-normes définissant cette topologie est constitué par la famille (N_p) :

$$N_p(\varphi) = \sup_{x \in K} |D^p \varphi(x)| \quad .$$

L'espace $\mathcal{D}_K$ est à base dénombrable de voisinages, localement convexe et complet, c'est donc un espace de Fréchet . Le théorème d'Ascoli montre que c'est aussi un espace de Montel . Il en résulte en particulier qu'il est séparable ([2], p.99 , ex. 28) .

La famille des semi-normes N_p est mal adaptée à l'étude des distributions aléatoires ; le théorème suivant vise à lui substituer un autre système fondamental dont l'existence résulterait d'ailleurs immédiatement de la nucléarité de $\mathfrak{D}_K$ ([3], p. 55), mais dont la construction explicite ne coûte pas cher :

Théorème 1. - Pour tout voisinage V de l'origine dans $\mathfrak{D}_K$, il existe deux formes quadratiques positives (non dégénérées) Q et R continues sur $\mathfrak{D}_K$ telles que :

(1) $\{R(\varphi, \varphi) \leq 1\} \subset \{Q(\varphi, \varphi) \leq 1\} \subset V$.

(2) Pour toute famille Φ orthonormée pour R, on a

$$\sum_{\Phi} Q(\varphi, \varphi) \leq 1 .$$

Démonstration. - Elle repose sur le lemme suivant :

Lemme 1. - Soient r un nombre positif tel que le compact K soit contenu dans $[-r, +r]$ et Φ une famille d'éléments de $\mathfrak{D}_K$ dont les dérivées $(p+1)$ièmes soient orthonormées dans $L^2(K)$; on a alors :

$$\sum_{\Phi} \int |D^p \varphi|^2 \leq 4r^2 .$$

Démonstration du lemme. - Pour tout élément t de K et tout élément φ de Φ, on a :

$$D^p \varphi(t) = -\int_t^{\infty} D^{p+1} \varphi(x)\, dx ,$$

l'intégration pouvant d'ailleurs être réduite à $[t, +\infty[\cap [-r, +r]$; la formule de Perseval montre alors :

$$\sum_{\Phi} |D^p \varphi(t)|^2 \leq \int_{-r}^{+r} dx = 2r ,$$

En intégrant alors entre $-r$ et $+r$, on en déduit le résultat du lemme.

Démonstration du théorème 1 . - Soient V un voisinage de l'origine dans $\mathcal{D}_K$ et r un nombre positif tel que le compact K soit inclus dans $[-r, +r]$; la famille $((2r)^p N_p)$ étant filtrante, il existe un nombre positif M et un entier p tels que :

$$\{ \|D^p \varphi\|_\infty \leq M \} \subset V .$$

On pose alors :

$$Q(\varphi, \varphi) = \frac{2r}{M^2} \int |D^{p+1} \varphi(x)|^2 \, dx \, , \; R(\varphi, \varphi) = \frac{8r^3}{M^2} \int |D^{p+2} \varphi(x)|^2 \, dx \quad .$$

Soit $\Phi = (\varphi_i)$ une famille orthonormée pour R ; la famille $(D^{p+2} \frac{(2r\sqrt{2r})}{M} \varphi)$ est orthonormée dans $L^2(K)$. Le lemme 1 montre donc :

$$\sum_\Phi Q(\varphi, \varphi) = \sum_\Phi \frac{1}{4r^2} \int |D^{p+1} \frac{(2r\sqrt{2r})}{M} \varphi(x)|^2 \, dx \leq 1 \; ;$$

c'est la propriété (2) de l'énoncé . En l'appliquant à une famille Φ réduite à un élément, on en déduit la première inclusion de la propriété (1) ; la seconde inclusion résulte de l'inégalité :

$$\frac{1}{M^2} \|D^p \varphi\|_\infty^2 \leq \frac{1}{M^2} \left[\int |D^{p+1} \varphi(x)| \, dx\right]^2 \leq \frac{1}{M^2} . \, 2r \, . \int |D^{p+1} \varphi(x)|^2 \, dx \quad .$$

2 . Dans la suite, on utilisera sans autres justifications les notations et propriétés suivantes :

Soit E un espace vectoriel topologique ; on désigne par le terme abrégé " f. q. sur E " une forme quadratique positive non dégénérée continue sur E . Soit Q une f. q. sur E ; Q définit une structure préhilbertienne sur E ; on note $\widehat{E}_Q$ l'espace de Hilbert associé à cette structure préhilbertienne . Soit F le dual topologique de E ; on note $\tilde{Q}$ la forme quadratique duale de Q , finie ou non , définie sur F par :

$$\bar{Q}(p,p) = \sup_{\varphi \in E} \frac{< p, \varphi >^2}{Q(\varphi, \varphi)} \quad ;$$

l'ensemble $\{p \mid \bar{Q}(p,p) \leq 1\}$ sera noté K_Q ; c'est un ensemble équicontinu .

Soient H_1 et H_2 deux espaces de Hilbert et u une application linéaire continue de H_1 dans H_2 ; on dit que u est une application de Hilbert-Schmidt s'il existe une base orthonormée Φ de H_1 telle que :

$$\sum_{\Phi} \| u(\varphi) \|^2_{H_2} < \infty \quad .$$

Le premier membre est alors indépendant de la base Φ ; sa racine carrée est appelée norme de Hilbert-Schmidt de u et notée $\|u\|_{H.S}$.

Soient H , H_1 et H_2 trois espaces de Hilbert, f une application linéaire continue de H dans H_1 et u une application de Hilbert-Schmidt de H_1 dans H_2 ; en utilisant des familles orthonormales dans H dont les images par f soient des familles orthogonales dans H_1 , on constate que l'application $u \circ f$ est une application de Hilbert-Schmidt de H dans H_2 et qu'on a :

$$\|u \circ f\|_{H.S} \leq \|f\| . \|u\|_{H.S} \quad .$$

Soient E un espace vectoriel topologique et Q et R deux f.q. sur E ; on dira que Q est subordonnée à R et on écrira $Q << R$ si l'application identique de E dans E se prolonge en une application de Hilbert - Schmidt de $\hat{E}_R$ dans $\hat{E}_Q$.

Avec ces notations, les propriétés de $\mathfrak{D}_K$ énoncées ci-dessus s'écrivent :

(1a) les f.q. sur $\mathfrak{D}_K$ définissent la topologie de $\mathfrak{D}_K$.

(2a) toute f.q. Q sur $\mathfrak{D}_K$ est subordonnée à une f.q. R sur $\mathfrak{D}_K$.

(3) $\mathfrak{D}_K$ est séparable .

3 . On note $\mathcal{D}$ l'espace des fonctions indéfiniment différentiables à support compact dans $\mathbb{R}$ muni de la topologie de la limite inductive des $\mathcal{D}_K$ où K parcourt l'ensemble des parties compactes de $\mathbb{R}$, ou une suite croissante de parties compactes dont les intérieurs recouvrent $\mathbb{R}$ ([1], p. 66) .

Théorème 2 . -

(1') Les f. q. sur $\mathcal{D}$ définissent la topologie de $\mathcal{D}$,

(2') toute f. q. Q sur $\mathcal{D}$ est subordonnée à une f. q. R sur $\mathcal{D}$,

(3') l'espace $\mathcal{D}$ est séparable .

Démonstration. - Soient V un voisinage convexe de l'origine dans $\mathcal{D}$, (f_n) une partition de l'unité sur $\mathbb{R}$ par des fonctions indéfiniment différentiables à support compact et pour tout entier n , K_n le support de f_n . A tout entier n, le théorème 1 permet d'associer des f. q. Q_n et R_n sur $\mathcal{D}_{K_n}$ telles que :

$$\{R_n(\varphi,\varphi) \leq 1\} \subset \{Q_n(\varphi,\varphi) \leq 1\} \subset V \cap \mathcal{D}_{K_n} ,$$

$$Q_n << R_n .$$

Pour tout élément φ de $\mathcal{D}$ on pose alors :

$$Q(\varphi, \varphi) = \sum_n 2^{(2n)} Q_n(f_n\varphi, f_n\varphi) ,$$

$$R(\varphi, \varphi) = \sum_n 2^{(3n)} R_n(f_n\varphi, f_n\varphi) ;$$

les séries sont convergentes, car elles ne comportent qu'un nombre fini de termes non nuls ; comme ce nombre est lié au support de φ, Q et R sont continues sur tout $\mathcal{D}_K$; elles sont alors des f. q. sur $\mathcal{D}$.

L'application de $\mathcal{D}$ dans $(\mathcal{D}_{K_n})$ qui à φ associe $f_n\varphi$ se prolonge en une application de $\hat{\mathcal{D}}_R$ dans $(\widehat{\mathcal{D}_{K_n}})_{R_n}$ de norme inférieure à $2^{-\frac{(3n)}{2}}$;

l'application identique de $(\mathcal{D}_{K_n})$ dans $(\mathcal{D}_{K_n})$ se prolonge en une application de Hilbert-Schmidt de $(\widehat{\mathcal{D}_{K_n}})_{R_n}$ dans $(\widehat{\mathcal{D}_{K_n}})_{Q_n}$ de norme inférieure à 1. Il en résulte que l'application de $\mathcal{D}$ dans $(\mathcal{D}_{K_n})$ qui à φ associe $f_n \varphi$ se prolonge une application de Hilbert-Schmidt de $\widehat{\mathcal{D}}_R$ dans $(\widehat{\mathcal{D}_{K_n}})_{Q_n}$ de norme inférieure à $2^{(-\frac{3n}{2})}$. Soit alors une famille Φ d'éléments de $\mathcal{D}$ orthonormale et totale dans $\widehat{\mathcal{D}}_R$, on a :

$$\sum_{\Phi} Q(\varphi, \varphi) = \sum_n \sum_{\Phi} 2^{(2n)} Q_n(f_n \varphi, f_n \varphi) \leq \sum_n 2^{(2n)} 2^{(-3n)} = 1 ;$$

Q est donc subordonnée à R.

Par ailleurs, soit φ un élément de $\mathcal{D}$ tel que $Q(\varphi, \varphi)$ soit inférieur ou égal à 1 ; la définition de Q montre que pour tout entier n, $Q_n(2^n f_n \varphi, 2^n f_n \varphi)$ est aussi inférieur ou égal à 1 ; la définition de Q_n montre alors que $(2^n f_n \varphi)$ appartient à V ; l'égalité :

$$\varphi = \sum_n \frac{1}{2^n} (2^n f_n \varphi),$$

la nullité de tous les termes à l'exception d'un nombre fini d'entre eux et la convexité de V montrent que φ appartient à V. Ceci démontre les énoncés (1') et (2') ; la séparabilité de $\mathcal{D}$ résulte immédiatement de celle des $\mathcal{D}_K$; d'où le théorème.

§ 2 : ÉLÉMENTS DU CALCUL DES PROBABILITÉS SUR $\mathcal{D}'$.

1. L'espace $\mathcal{D}'$ des distributions est le dual topologique de $\mathcal{D}$. On le munit, soit de la topologie de la convergence uniforme dans les parties bornées de $\mathcal{D}$, soit de la topologie de la convergence simple. Pour ces deux topologies, les ensembles relativement compacts sont les mêmes, ce sont les ensembles inclus dans un K_Q où Q est une f. q. sur $\mathcal{D}$ ([1], p. 72). Pour chacune

de ces topologies , $\mathfrak{D}'$ est séparé et il existe un espace polonais P et une bijection continue f de P sur $\mathfrak{D}'$: pour chacune de ces topologies , $\mathfrak{D}'$ est un espace standard ([4]) (i. e. lusinien , moins la métrisabilité , [5]) .

2 . On rappelle ici quelques propriétés des espaces standards : Soit T un espace topologique , on appelle tribu borélienne sur n T et on note $\mathcal{B}(T)$ la tribu engendrée par les parties ouvertes de T : ses éléments sont dits boréliens dans T . Dans ces conditions :

Proposition 1 . - Si f est une application continue injective d'un espace standard S dans un espace séparé T , l'image U de S par f est un espace standard borélien dans T .

Le fait que U est borélien dans T est démontré dans [5] quand S est polonais et T métrisable ; la démonstration s'applique aussi au cas où T n'est pas métrisable ; son extension au cas où S n'est pas polonais résulte immédiatement de la définition des espaces standards . Cette même définition montre immédiatement que U est standard .

De la proposition 1 , il résulte :

Proposition 2 . - Si f est une application continue bijective d'un espace standard S sur un espace standard T , les applications f et f^{-1} définissent une correspondance biunivoque entre les boréliens dans S et les boréliens dans T d'une part , entre les mesures sur S et les mesures sur T d'autre part .

Démonstration . - Soient S un espace standard , b une partie borélienne de S , P un espace polonais et f une bijection continue de P sur S ; puisque f est continue , $f^{-1}(b)$ est une partie borélienne de P ; il est alors lusinien ([5] p. 134) , donc standard par définition ; la proposition 1 montre alors que b est standard .

Soient S et T deux espaces standards et f une application continue bijective de S sur T ; pour toute partie borélienne b de S , f(b) est l'image par la restriction de f à b de l'espace standard b ; T étant séparé, la proposition 1 montre que f(b) est borélien dans T . Réciproquement, la continuité de f suffit à montrer que pour toute partie borélienne b de T , $f^{-1}(b)$ est borélien dans S ; d'où la première affirmation ; la seconde en résulte immédiatement, en définissant pour toute mesure μ sur S , $f(\mu)$ par :

$$\forall\, b \in \mathcal{B}(T) \quad , \quad [f(\mu)](b) = \mu(f^{-1}(b)) \; .$$

3 . Proposition 3 . - Les tribus boréliennes sur $\mathcal{D}'$ muni de la topologie de la convergence uniforme dans les parties bornées de $\mathcal{D}$ ou de la topologie de la convergence simple sont identiques . Par ailleurs, toute mesure sur $\mathcal{D}'$ est régulière .

Démonstration. - Soient P un espace polonais , f une bijection continue de P sur $\mathcal{D}'$ muni de la première topologie et i l'application de $\mathcal{D}'$ muni de la première topologie sur $\mathcal{D}'$ muni de la seconde topologie associée à l'identité ; l'application de la proposition 2 à l'application i montre l'identité des tribus boréliennes . Par ailleurs toute mesure μ sur $\mathcal{D}'$ est l'image par f d'une mesure m sur P ; m étant régulière , on a :

$\forall\, b \in \mathcal{B}(P)$, $m(b) = \sup m(K)$, K parcourant l'ensemble des parties compactes de P incluses dans b ; on en déduit :

$\forall\, b \in \mathcal{B}(\mathcal{D}')$, $\mu(b) = \sup \mu(f(K))$, K parcourant l'ensemble des parties compactes de P incluses dans $f^{-1}(b)$; l'image d'une partie compacte de P par l'application continue f étant compacte dans $\mathcal{D}'$, on en déduit le résultat .

4 . Une distribution aléatoire X est une application mesurable d'un espace d'épreuves $(\Omega, \mathcal{A}, P)$ dans $(\mathcal{D}', \mathcal{B}(\mathcal{D}'))$; l'image de P par X est alors une mesure μ_X sur $\mathcal{D}'$ appelée loi de X ; soit X une distribution aléatoire, on

appelle fonctionnelle caractéristique de X et on note L_X la transformée de Fourier $\widehat{\mu_X}$ de sa loi : c'est l'application de $\mathcal{D}$ dans $\mathbb{C}$ définie par :

$$L_X(\varphi) = \int \exp(i \langle X, \varphi \rangle)\, dP .$$

On sait qu'il y a identité entre l'ensemble des lois de distributions aléatoires et l'ensemble des fonctions de type positif continues sur $\mathcal{D}$ égales à 1 à l'origine .

5 . Soit (X_i) une famille de distributions aléatoires ayant même espace d'épreuves $(\Omega, \mathcal{O}\!\mathcal{L}, P)$; on dit qu'elle est indépendante si la famille $(X_i^{-1}(\mathcal{B}(\mathcal{D}')))$ est une famille de sous-tribus de $\mathcal{O}\!\mathcal{L}$ indépendantes par rapport à P sur Ω ; pour toute famille (φ_i) d'éléments de $\mathcal{D}$, la famille $(\langle X_i, \varphi_i \rangle)$ est alors une famille de variables aléatoires usuelles indépendantes . Soit X une distribution aléatoire, on notera X^s une distribution aléatoire symétrisée, différence de deux distributions aléatoires indépendantes de mêmes lois que X .

§ 3 : LEMME DE MINLOS .

Lemme 2 . - Soit X une distribution aléatoire ; on suppose donnés un nombre $\varepsilon > 0$ et deux f. q. Q et R sur $\mathcal{D}$ tels que :

(4) $$Q \ll R ,$$

(5) $$\forall \varphi \in \mathcal{D} , \ 1 - \mathcal{R}e\, L_X(\varphi) \leq \varepsilon(1 + Q(\varphi, \varphi)) .$$

Dans ces conditions, on a aussi :

(6) $$E \left\{ \inf \left[\bar{R}(X, X) , 1 \right] \right\} \leq 6 \varepsilon .$$

Démonstration . - L'espace $\mathcal{D}$ étant séparable, il existe dans $\widehat{\mathcal{D}_R}$ une suite orthonormale totale (φ_n) . La forme quadratique R étant non dégénérée , on a :

$$\bar{R}(X, X) = \sum_n \langle X, \varphi_n \rangle^2 .$$

Dans ces conditions, pour démontrer le lemme, il suffit de prouver que sous les hypothèses de l'énoncé, pour tout entier positif n, on a :

$$E\left\{\inf\left[\sum_{k=1}^{n} <X, \varphi_k>^2 , 1\right]\right\} \leq 6\, \varepsilon .$$

L'inégalité évidente :

$$\inf [x^2, 1] \leq 3\,(1 - \exp(-\frac{x^2}{2})) ,$$

montre par intégration que :

$$(7) \qquad E\left\{\inf\left[\sum_{k=1}^{n} <X, \varphi_k>^2 , 1\right]\right\} \leq 3 \int (1 - \exp(-\frac{1}{2} \sum_{k=1}^{n} <p, \varphi_k>^2)\, d\mu_X(p) ;$$

comme $\exp(-\frac{1}{2}<x,x>)$ est sa propre transformée de Fourier, le second membre de (7) s'écrit :

$$3\,(2\pi)^{-\frac{n}{2}} \int_{\mathbb{R}^n} [\exp(-\frac{1}{2}<x,x>)] . (1 - L_X(\sum_{k=1}^{n} x_k \varphi_k))\, dx .$$

L'intégrale étant réelle, on peut substituer à l'intégrand sa partie réelle ; l'inégalité (5) permet alors d'écrire :

$$(8) \qquad E\left\{\inf\left[\sum_{k=1}^{n} <X, \varphi_k>^2 , 1\right]\right\} \leq 3\, \varepsilon (1 + \sum_{k=1}^{n} Q(\varphi_k , \varphi_k)) ;$$

puisque Q est subordonnée à $\mathbb{R}$, le second membre de (8) est majoré par $6\, \varepsilon$. D'où le résultat.

Corollaire. - Soit μ une mesure positive sur $\mathcal{D}'$ telle que :

$$\forall \varphi \in \mathcal{D} , \quad \hat{\mu}(0) - \mathcal{R}e\, \hat{\mu}(\varphi) \leq \varepsilon (1 + Q(\varphi, \varphi)) ;$$

dans ces conditions, on a :

$$\int_{K_R} \bar{R}(p,p)\, d\mu(p) + \mu\left\{p \notin K_R\right\} \leq 6\, \varepsilon .$$

Démonstration. - Il suffit d'appliquer le lemme à une distribution aléatoire X de loi $\frac{\mu}{\|\mu\|}$.

BIBLIOGRAPHIE

[1] L. SCHWARTZ : Théorie des distributions, tome 1, deuxième édition, Hermann, Paris, 1957.

[2] N. BOURBAKI : Eléments de Mathématique, livre V, ch. 3.4, 2e édition, Hermann, Paris, 1955.

[3] A. GROTHENDIECK : Produits tensoriels topologiques, espaces nucléaires, Mem. Amer. Math. Soc. 16, 1955.

[4] P. CARTIER : Processus aléatoires généralisés, Sém. Bourbaki, 16e année, 1963/64, n° 272.

[5] N. BOURBAKI : op. cit. Livre III, ch. 9, 2e édition, 1958.

On trouvera une étude plus étendue des espaces standards et des bases du calcul des probabilités sur $\mathcal{D}'$ dans :

[6] X. FERNIQUE : Processus linéaires, processus généralisés, Ann. Inst. Fourier Grenoble, à paraître.

On trouvera une généralisation de l'étude des séries de distributions aléatoires indépendantes dans :

[7] X. FERNIQUE : Séries de variables aléatoires indépendantes, Publ. Inst. Statist. Univ. Paris, à paraître.

-=-=-=-=-

DÉPARTEMENT DE MATHÉMATIQUE
STRASBOURG

Séminaire de Probabilités — Février 1967

SÉRIES DE DISTRIBUTIONS ALÉATOIRES INDÉPENDANTES

(par X. Fernique)

Exposé 2

Le but de cet exposé est la démonstration des deux théorèmes suivants qui généralisent mot pour mot des théorèmes classiques sur les séries de variables aléatoires numériques indépendantes :

Théorème 1 : *Soit (X_n) une suite de distributions aléatoires indépendantes telle que $\prod_n L_{X_n}$ converge simplement vers une limite continue ; alors la série $\sum_n X_n$ converge presque sûrement.*

Théorème 2 : *Soit (X_n) une suite de distributions aléatoires indépendantes telle que $\prod_n |L_{X_n}|$ converge simplement vers une limite continue ; il existe alors une suite (x_n) de distributions telle que la série $\sum_n (X_n - x_n)$ converge presque sûrement.*

§ 1 - LEMMES PRELIMINAIRES -

Lemme 1 : Soit f une fonction de type positif continue sur $\mathbb{R}$ prenant la valeur 1 à l'origine ; dans ces conditions, on a pour tout nombre positif a

$$(1) \quad \forall x \in \mathbb{R}, \quad 1 - \operatorname{Re} f(x) \leq 3\left(1+\frac{x^2}{a^2}\right)\frac{1}{a}\int_0^a (1 - \operatorname{Re} f(t))\, dt$$

Démonstration : On démontre d'abord l'inégalité quand $f(x) = \exp(ivx)$ par des calculs bêtes ; on en déduit le cas général en intégrant par rapport à une mesure de probabilité $\mu(dv)$.

Lemme 2 : Soient f, f_n des fonctions de type positif, réelles et positives, continues sur $\mathbb{R}$ prenant la valeur 1 à l'origine telles que $f = \prod_n f_n$; on suppose donnés deux nombres $c \in]0, \frac{1}{3}]$ et $d > 0$ tels que pour tout nombre réel x, on ait :

(2) $$1 - f(x) \leq c\,(1 + d\,x^2)\;;$$

dans ces conditions, pour tout nombre réel x, on a aussi

(3) $$\sum_n (1 - f_n(x)) \leq 12c(1 + dx^2)\,.$$

Démonstration : Les hypothèses $0 \leq f_n \leq 1$ et $f = \prod_n f_n$ montrent que pour tout nombre réel t, on a :

$$\sum_n (1 - f_n(t)) \leq \ln \frac{1}{f(t)}\;;$$

en utilisant le lemme 1 appliqué aux fonctions f_n avec $a = \frac{1}{\sqrt{d}}$, on obtient :

$$\sum_n (1 - f_n(x)) \leq k\,(1 + d\,x^2)\,\sqrt{d}\int_0^{\frac{1}{\sqrt{d}}} \ln \frac{1}{f(t)}\,dt.$$

L'hypothèse (2) montre que sur l'intervalle d'intégration, $\ln \frac{1}{f(t)}$ est majoré par $\ln \frac{1}{1-2c}$ donc par $(3 \ln 3)\,c$ puisque c est inférieur à $\frac{1}{3}$; on en déduit le résultat.

Corollaire : Soient L, L_n des fonctions de type positif réelles et positives, continues sur $\mathfrak{D}$ prenant la valeur 1 à l'origine telles que $L = \prod_n L_n$; pour tout nombre $\varepsilon > 0$, il existe alors une f. q. Q sur $\mathfrak{D}$ telle que :

(4) $$\forall \varphi \in \mathfrak{D},\; \sum_n (1 - L_n(\varphi)) \leq \varepsilon(1 + Q(\varphi, \varphi)).$$

Démonstration : On peut supposer $\varepsilon < 4$ de sorte que $\frac{\varepsilon}{12}$ soit inférieur à $\frac{1}{3}$. Il existe alors (exposé 1, (1a)) une f.q. Q sur $\mathcal{D}$ telle que :

$$Q(\varphi,\varphi) \leqslant \frac{12}{\varepsilon} \implies 1 - L(\varphi) \leqslant \frac{\varepsilon}{12} ;$$

On a alors :

$$1 - L(\varphi) \leqslant \frac{\varepsilon}{12} (1 + Q(\varphi,\varphi)) .$$

C'est en effet évident si $Q(\varphi,\varphi)$ est inférieur ou égal à $\frac{12}{\varepsilon}$, et dans l'autre cas le second membre est supérieur ou égal à 1, lui-même supérieur ou égal au premier.

Pour tout élément φ de $\mathcal{D}$, les fonctions $L(x\varphi)$, $L_n(x\varphi)$ vérifient alors les hypothèses du lemme 2 avec $c = \frac{\varepsilon}{12}$ et $d = Q(\varphi,\varphi)$; on en déduit le résultat.

Lemme 3 : (Symétrisation des distributions aléatoires) :

Soient Q et $\mathbb{R}$ deux f. q. sur $\mathcal{D}$, Q étant subordonnée à $\mathbb{R}$; pour toute distribution aléatoire X, il existe une distribution x telle que :

$$(5) \qquad \forall h \geqslant 0 , \ \mathbb{P}\left\{ X - x \notin h K_R \right\} \leqslant 2 \mathbb{P}\left\{ X^s \notin h K_Q \right\}$$

(les notations sont celles de l'exposé 1).

Démonstration : Soit (φ_n) une suite d'éléments de $\mathcal{D}$ dont l'image dans $\hat{E}_R$ soit orthonormale et totale ; pour tout entier $n > 0$, les inégalités classiques de symétrisation ([1] p. 147) montrent qu'on a :

$$\forall h \geqslant 0, \mathbb{P}\left\{ \exists\, m \leqslant n \mid [\langle X, \varphi_m\rangle - \mu(\langle X, \varphi_m\rangle)]^2 > h^2\, Q(\varphi_m, \varphi_m) \right\}$$
$$\leqslant 2\, \mathbb{P}\left\{ \exists\, m \leqslant n \mid \langle X^s, \varphi_m\rangle^2 > h^2\, Q(\varphi_m, \varphi_m) \right\}.$$

On en déduit :

$$(6)\quad \begin{aligned}\forall h \geqslant 0,\ \mathbb{P}\Big\{ \exists\, n\in\mathbb{N} \mid [\langle X, \varphi_n\rangle - \mu(\langle X, \varphi_n\rangle)]^2 > h^2\, Q(\varphi_n, \varphi_n)\Big\} \\ \leqslant 2\ P\Big\{ \exists\, \varphi\in\mathcal{D} \mid \langle X^s, \varphi\rangle^2 > h^2\, Q(\varphi, \varphi)\Big\}\end{aligned}$$

Nous distinguons maintenant deux cas :

a) si pour tout nombre $h \geqslant 0$, le second membre de (5) est supérieur ou égal à $\frac{1}{2}$, l'inégalité (5) est trivialement vérifiée pour tout élément x de $\mathcal{D}'$.

b) Dans le cas contraire, il existe un nombre $h_o \geqslant 0$ tel que le second membre de (6) soit strictement inférieur à $\frac{1}{2}$, l'inégalité (6) montre alors un sous-ensemble Ω_o de l'espace d'épreuves de probabilité non nulle, donc non vide, dans lequel on a :

$$\forall n \in \mathcal{N}\ ,\ [\langle X, \varphi_n\rangle - \mu(\langle X, \varphi_n\rangle)]^2 \leqslant h_o^2\ \ Q(\varphi_n, \varphi_n)\ ;$$

soit ω_o un élément de Ω_o, on pose $X_o = X(\omega_o)$; soit Y_o l'élément de $\mathcal{D}'$ défini par :

$$\forall \varphi \in \mathcal{D},\ \langle Y_o, \varphi\rangle = \sum_n \big[\langle X_o, \varphi_n\rangle - \mu(\langle X, \varphi_n\rangle)\big]\ R(\varphi, \varphi_n)$$

on aura alors, pour tout entier n :

$$\langle X_o - Y_o, \varphi_n\rangle = \mu(\langle X, \varphi_n\rangle)\ ;$$

On pose alors $x = X_o - Y_o$; en substituant dans (6), utilisant la subordination de Q , on obtient :

$$\forall h \geqslant 0,\ \mathbb{P}\Big\{ \sum_n [\langle X - x, \varphi_n\rangle]^2 > h^2\Big\} \leqslant 2\ \mathbb{P}\big\{X^s \notin h\, K_Q\big\}\ ;$$

on en déduit immédiatement le résultat.

§ 2 - LES THEOREMES DE CONVERGENCE -

Les différents modes de convergence des distributions aléatoires ont été étudiées dans [2] : on y trouvera les définitions et propriétés des convergences étroites des lois, des convergences en loi, des convergences presque sûres des distributions aléatoires. Rien de tout cela n'est utile ici ; il suffit de définir la convergence presque sûre d'une suite de distributions aléatoires :

Définition : On dit qu'une suite (X_n) de distributions aléatoires ayant même espace d'épreuves $(\Omega, \mathcal{A}, P)$ converge presque sûrement si l'ensemble $\{\omega \mid (X_n(\omega)) \text{ ne converge pas}\}$ est un élément de $\mathcal{A}$ de probabilité nulle.

Pour simplifier l'écriture, nous introduisons la notation suivante : étant donnés une f. q. Q sur $\mathcal{D}$ et un nombre $\varepsilon > 0$, nous dirons qu'une suite (X_n) de idistributions aléatoires possède la propriété $\mathcal{P}(Q, \varepsilon)$ si on a :

$$\sum_n \mathbb{E}\left\{\inf\left[1, \bar{Q}(X_n, X_n)\right]\right\} \leq \varepsilon .$$

Lemme de convergence : Soit (X_n) une suite de distributions aléatoires indépendantes possédant une propriété $\mathcal{P}(Q, \varepsilon)$; il existe alors une suite (x_n) de distributions telle que la série $\sum_n (X_n - x_n)$ converge presque sûrement.

Démonstration : L'inégalité classique de Kolmogorov généralisée aux expaces de Hilbert montre que pour toute famille (V_k) de variables aléatoires centrées indépendantes à valeurs dans un espace de Hilbert séparable et tout nombre $\varepsilon > 0$, on a :

$$\mathbb{P}\left\{\sup_k \left\|\sum_{j=1}^{k} V_j\right\| \geq \varepsilon\right\} \leq \frac{1}{\varepsilon^2} \sum_k \mathbb{E}\left\{\|V_k\|^2\right\} . \tag{7}$$

Sous les hypothèses du lemme, on considère la suite (Y_n) des distributions aléatoires tronquées par K_Q, définies par :

$$Y_n(\omega) = \begin{cases} X_n(\omega) \text{ si } X_n(\omega) \text{ appartient à } K_Q , \\ 0 \quad \text{dans le contraire.} \end{cases}$$

Le lemme de Borel-Cantelli et la propriété $\mathcal{P}(Q, \varepsilon)$ montrent qu'il suffit pour conclure de construire une suite (x_n) de distributions telle que $\sum_n (Y_n - x_n)$ converge presque sûrement. On pose pour cela :

$$\forall n \in \mathbb{N}, \; x_n = \mathbb{E}(Y_n).$$

L'inégalité (7) et la propriété $\mathcal{P}(Q, \varepsilon)$ montrent en effet que la suite des sommes partielles $\left(\sum_{n=1}^{p} (Y_n - x_n) \right)$ est presque sûrement une suite de Cauchy dans $\hat{E}_Q$; elle converge presque sûrement dans $\mathcal{D}'$; d'où le résultat.

<u>Démonstration du Théorème 2</u> : Pour tout entier n, on pose $L_n = |L_{X_n}|^2 = L_{X_n^s}$ et on note Π_n la loi de X_n^s ; on pose aussi $L = \prod_n L_n$. Pour tout $\varepsilon > 0$, le corollaire du lemme 2 montre qu'il existe une f. q. Q sur $\mathcal{D}$ telle que la relation (4) soit vérifiée. Le corollaire du lemme de Minlos (exposé 1) appliqué aux sommes partielles de la série de terme général Π_n montre que pour toute f. q. R sur $\mathcal{D}$ à laquelle Q soit subordonnée, on a :

$$\sum_n \int_{K_R} \bar{R}(x, x) \, d\Pi_n(x) + \sum_n \Pi_n \left\{ \mathcal{D}' - K_R \right\} \leqslant 6\varepsilon \; ;$$

ceci signifie que la suite (X_n^s) possède la propriété $\mathcal{P}(R, 6\varepsilon)$. Soit alors S une f. q. sur $\mathcal{D}$ à laquelle R soit subordonnée ; le lemme 3 montre qu'il existe une suite (x'_n) de distributions telles que, pour tout entier n, on ait :

$$\forall t \geqslant 0, \; \mathbb{P}\left\{ \tilde{S}(X_n - x'_n, X_n - x'_n) \geqslant t \right\} \leqslant 2\,\mathbb{P}\left\{ \bar{R}(X_n^s, X_n^s) \geqslant t \right\} ;$$

dans ces conditions, on a :

$$\mathbb{E}\left\{ \inf\left[\tilde{S}(X_n - x'_n, X_n - x'_n), 1 \right] \right\} \leqslant 2\,\mathbb{E}\left\{ \inf\left[\tilde{R}(X_n^s, X_n^s), 1 \right] \right\}.$$

Il en résulte que la suite $(X_n - x'_n)$ possède la propriété $\mathcal{P}(S, 12\varepsilon)$. Le lemme de convergence donne alors immédiatement le résultat.

Démonstration du théorème 1 : Le théorème 2 montre qu'il existe une suite (x_n) d'éléments de $\mathcal{D}'$ telle que $\sum_n (X_n - x_n)$ converge presque sûrement ; en particulier pour tout élément φ de $\mathcal{D}$, le produit

$$\prod_n \left[L_{X_n}(\varphi) \exp(-i\langle x_n, \varphi\rangle)\right.$$

converge vers une limite fonction continue de φ. En comparant avec l'hypothèse du théorème, on en déduit que $\sum_n x_n$ converge dans $\mathcal{D}'$; par différence, on en déduit le résultat.

BIBLIOGRAPHIE

(On trouvera une liste de références à la fin du premier exposé).

[1] M. LOÈVE Probability theory, N. York, Van Nostrand, 1960.

[2] X. FERNIQUE Processus linéaires, processus généralisés, Ann. Inst. Fourier, Grenoble , à paraître.

--oo0oo--

Université de Strasbourg
Novembre 1966
Séminaire de Probabilités

INTÉGRALES STOCHASTIQUES I

par P.A.Meyer

Cet exposé est le premier d'une série de trois ou quatre, qui devrait nous mener à la très belle " formule du changement de variables dans les intégrales stochastiques" , due à KUNITA et S.WATANABE [2]. Je commence ici par la théorie des martingales de carré intégrable, et par la définition (ou plutôt les deux définitions possibles) des intégrales stochastiques ; je traite aussi de la décomposition orthogonale de l'espace des martingales de carré intégrable (MOTOO et S.WATANABE [4]). Les exposés suivants concerneront les processus de Markov, et leurs fonctionnelles additives qui sont des martingales de carré intégrable, ainsi que la notion de " système de LÉVY " due à S. WATANABE : la formule du changement de variables ne pourra venir qu'ensuite.

Cette rédaction est beaucoup plus développée que l'exposé oral (et contient d'ailleurs beaucoup de choses qui ne serviront pas dans les exposés suivants). Je me servirai librement des résultats du livre [3], et je ne démontrerai que les théorèmes qui n'y figurent pas.

§1. RAPPELS ET DÉFINITIONS GÉNÉRALES

1. Les notations seront celles de [3] : $(\Omega,\underline{\underline{F}},\underline{P})$ est un espace probabilisé complet, muni d'une famille $(\underline{\underline{F}}_t)_{t\in\underline{R}_+}$ de sous-tribus de $\underline{\underline{F}}$, croissante et continue à droite. Nous supposerons que $\underline{\underline{F}}_0$ contient tous les ensembles négligeables, et que la famille $(\underline{\underline{F}}_t)$ <u>ne possède pas de temps de discontinuité</u> : pour tout temps d'arrêt T, et toute suite croissante (T_n) de temps d'arrêt qui converge vers T, la tribu $\underline{\underline{F}}_T$ est engendrée par les tribus $\underline{\underline{F}}_{T_n}$.

Un processus stochastique $X=(X_t)_{t\in\underline{R}_+}$ est une famille de variables aléatoires réelles sur Ω, telle que X_t soit $\underline{\underline{F}}_t$-mesurable pour tout t(*). On considérera souvent X comme une fonction

(*) Nous appelons donc <u>processus</u> (sauf dans l'appendice) les "processus adaptés à la famille $(\underline{\underline{F}}_t)$"de [3].

sur $\mathbb{R}_+\times\Omega$ En particulier, le processus X sera dit <u>bien-mesurable</u> (resp. <u>très-bien-mesurable</u>) si la fonction $(t,\omega)\mapsto X_t(\omega)$ est mesurable par rapport à la tribu sur $\mathbb{R}_+\times\Omega$ engendrée par les processus à trajectoires continues à droite et pourvues de limites à gauche (resp. continues à gauche). Un processus très-bien-mesurable est bien-mesurable. Nous aurons plusieurs fois l'occasion de nous servir du résultat suivant ([3], chap. VIII, th.20) :

<u>Soit</u> H <u>un processus bien-mesurable. Il existe un processus très-bien-mesurable</u> $\dot{H}$ <u>tel que l'ensemble</u> $\{t : H_t(\omega)\neq\dot{H}_t(\omega)\}$ <u>soit dénombrable pour tout</u> $\omega\in\Omega$.

Deux processus X et Y seront dits <u>indistinguables</u> si, pour presque tout $\omega\in\Omega$, on a $X_t(\omega)=Y_t(\omega)$ pour tout t.

2. Différences de processus croissants.

Nous désignerons par $\underline{\underline{A}}^+$ l'ensemble des processus croissants (continus à droite, nuls pour t=0) $A=(A_t)_{t\in\mathbb{R}_+}$, <u>localement intégrables</u> , c.à.d. tels que $\mathbb{E}[A_t]<+\infty$ pour tout t fini, avec identification de deux processus indistinguables. L'ensemble des $A\in\underline{\underline{A}}^+$ à trajectoires continues (resp. purement discontinues) sera noté $\underline{\underline{A}}_c^+$ (resp. $\underline{\underline{A}}_d^+$). Nous poserons $\underline{\underline{A}} = \underline{\underline{A}}^+-\underline{\underline{A}}^+$, $\underline{\underline{A}}_c=\underline{\underline{A}}_c^+-\underline{\underline{A}}_c^+$, $\underline{\underline{A}}_d=\ldots$ L'espace $\underline{\underline{A}}$ sera muni des semi-normes

$$\lambda_t(A) = \mathbb{E}[\{A_t\}]$$

(si $A\in\underline{\underline{A}}$, on désignera par $\{A\}\in\underline{\underline{A}}^+$ le processus croissant défini par

$$\{A\}_t = \int_0^t |dA_s| \quad (\text{"valeur absolue" de } A\ )\ )$$

DÉFINITION.- <u>Soit</u> $A\in\underline{\underline{A}}$. <u>Nous désignerons par</u> $L^1(A)$ (<u>resp.</u> $\dot{L}^1(A)$) <u>l'ensemble des processus bien-mesurables</u> (<u>resp. très-bien-mesurables</u>) H <u>tels que l'on ait</u>

$$\mathbb{E}[\int_0^t |H_s||dA_s|] < +\infty \quad \underline{\text{pour tout}}\ t\in\mathbb{R}_+$$

<u>On notera alors</u> H.A <u>l'élément de</u> $\underline{\underline{A}}$ <u>défini par</u>

$$(H.A)_t = \int_0^t H_s dA_s \quad .$$

Il est naturel de munir $L^1(A)$ des semi-normes :

$$\mu_t(H) = \mathbb{E}[\int_0^t |H_s||dA_s|]$$

Il est facile de vérifier que si $H\in L^1(A)$ et $K\in L^1(H.A)$ on a $KH \in L^1(A)$ et $K.(H.A)= (KH).A$. On a un " théorème de Radon-Nikodym" du type suivant :

PROPOSITION 1.- Soient A et B deux éléments de $\underline{\underline{A}}$, tels que la relation $K.A=0$ (où K est bien-mesurable et borné) entraîne $K.B=0$. Il existe alors $H\in L^1(A)$ tel que $B= H.A$.

DÉMONSTRATION (schématique).- a) On commence par traiter le cas où l'on sait que les mesures $dB_t(\omega)$ sont absolument continues par rapport aux mesures $dA_t(\omega)$, pour tout ω. On se ramène à traiter séparément le cas où A est purement discontinu (la densité cherchée est alors $(B_t-B_{t-})/(A_t-A_{t-})$) et le cas où A est continu. Pour celui-ci, on pose $K_0=0$ et, pour $t>0$

$$K_t = \limsup_{n\to\infty} \sum_{k\in\mathbb{N}} \frac{B_{(k+1)2^{-n}} - B_{k2^{-n}}}{A_{(k+1)2^{-n}} - A_{k2^{-n}}} I_{]k2^{-n},(k+1)2^{-n}]}(t)$$

On vérifie sans peine que le processus (K_t) est une densité de B par rapport à A, progressivement mesurable par rapport à la famille $(\underline{\underline{F}}_t)$ ([3], chap.IV, déf.45). On choisit alors un processus bien-mesurable H tel que l'on ait $H_T=K_T$ p.s. pour tout temps d'arrêt T (chap.VIII, th.17). Mais alors $E[\int_0^t |H_s-K_s||dA_s|] =0$ pour tout t (chap.VII, th.15), de sorte que H est encore une densité de B par rapport à A.

b) Prenant $B=\{A\}$, on voit qu'il existe un processus $H\in L^1(A)$ tel que $\{A\}=H.A$; il n'est pas difficile de modifier H de manière à ce qu'il prenne ses valeurs dans l'ensemble $\{-1,+1\}$. On a alors aussi $A=H.\{A\}$. Cela permet de se ramener , pour traiter le cas général, au cas où A (et B) sont positifs.

c) Supposons donc A et B positifs, soit $C=A+B$; on peut écrire $A=U.C$, $B=V.C$ d'après a), où U et V sont bien-mesurables et positifs. Soit $H_t(\omega) = V_t(\omega)/U_t(\omega)$ si $U_t(\omega)\neq 0$, $H_t(\omega)=0$ si $U_t(\omega)=0$. On vérifie sans peine que H est la densité cherchée.

3. Compensation d'un processus croissant.

Soit C un processus dont les trajectoires sont continues à droite et pourvues de limites à gauche (les éléments de $\underline{\underline{A}}$, les martingales continues à droite, possèdent cette propriété). Nous désignerons par $\Delta C_t(\omega)$ le saut $C_t(\omega)-C_{t-}(\omega)$ de C à l'instant t. Nous dirons qu'une suite $(T_n)_{n\geq 1}$ de temps d'arrêt épuise les sauts de C si

- $P\{T_n=T_m<+\infty\} = 0$ si $m\neq n$
- l'ensemble des t tels que $\Delta C_t(\omega) \neq 0$ est contenu dans l'ensemble $\{T_n(\omega),\ n\geq 1\}$, pour presque tout $\omega\in\Omega$.

On obtient une telle suite, par exemple, en rangeant en une suite unique les temps d'arrêt S_{nm} définis par récurrence de la manière suivante :

$$S_{n,1}(\omega) = \inf \{ t : \frac{1}{n} \geq |\Delta C_t(\omega)| > \frac{1}{n+1} \} \qquad (n\geq 0)$$

$$S_{n,m+1}(\omega) = \inf \{ t > S_{nm}(\omega) : \frac{1}{n} \geq |\Delta C_t(\omega)| > \frac{1}{n+1} \}$$

Nous introduirons maintenant (pour les besoins de cet exposé seulement : cette terminologie n'est pas consácrée) la définition suivante

DÉFINITION.- Le processus C est dit naturel si $\Delta C_T=0$ pour tout temps d'arrêt totalement inaccessible T ([3], chap.VII, déf.42) ; C est dit retors si les temps d'arrêt S_{nm} ci-dessus sont, ou totalement inaccessibles, ou p.s. égaux à $+\infty$.

En particulier, C est à la fois naturel et retors si et seulement s'il est continu ; une martingale est un processus retors ; un processus croissant est naturel en ce sens si et seulement s'il est naturel au sens de [3], chap.VII, déf.18 (voir le th.49 du chap.VII).

DÉFINITION.- Soient A et B deux éléments de $\underline{\underline{A}}$; nous dirons que A et B sont associés si le processus A-B est une martingale.

Les théorèmes d'existence et d'unicité pour la décomposition des surmartingales ([3], chap.VII, ths 21,29), ainsi que le critère de continuité du processus croissant dans la décomposition de DOOB (th.37), donnent le résultat suivant :

THÉORÈME 1.- Soit $A\in\underline{\underline{A}}$; il existe un processus $\tilde{A}\in\underline{\underline{A}}$, associé à A, qui est naturel, et ce processus est unique. Pour que $\tilde{A}$ soit continu, il faut et il suffit que A soit retors.

Nous désignerons toujours par $\overset{c}{A}$ (c signifie " compensé") la martingale $A-\tilde{A}$. Nous écrirons $A\sim B$ pour exprimer que les processus

A et B sont associés.

La proposition suivante ne vaut que pour un processus H très-bien-mesurable.

PROPOSITION 2.- Soit H un processus très-bien-mesurable, et soit $A\in\underline{\underline{A}}$. La relation $H\in L^1(A)$ entraîne alors $H\in L^1(\tilde{A})$, et on a alors $\widetilde{H.A} = H.\tilde{A}$. En particulier, H.A et $H.\tilde{A}$ sont associés.

DÉMONSTRATION.- Posons $B=\frac{1}{2}(|A|+A)$, $B'=\frac{1}{2}(|A|-A)$; la relation $H\in L^1(A)$ entraîne $|H|\in L^1(B)$, $|H|\in L^1(B')$. Utilisons alors le th.17 du chap.VII de [3], et la remarque qui le suit (*) ; il vient

$$\mathbb{E}\left[\int_0^t |H_s|\,d\tilde{B}_s\right] = \mathbb{E}\left[\int_0^t |H_s|\,dB_s\right] < +\infty \quad \text{pour tout } t,$$

et on a un résultat analogue pour $\tilde{B}'$. Or le processus $\tilde{B}-\tilde{B}'$ est naturel, associé à A, donc égal à $\tilde{A}$. La relation $|H|\in \dot{L}^1(\tilde{B}+\tilde{B}')$ entraîne donc $|H|\in\dot{L}^1(\tilde{A})$, donc $H\in\dot{L}^1(\tilde{A})$. Le processus $H.\tilde{A}$ étant évidemment naturel, il ne reste plus qu'à montrer que les processus H.A et $H.\tilde{A}$ sont associés, ce qui résulte aussitôt des remarques suivant le th.17 utilisé plus haut.

§2 MARTINGALES DE CARRÉ INTÉGRABLE

1. On dit qu'un processus M est une martingale de carré intégrable si les trajectoires de M sont continues à droite et pourvues de limites à gauche, si M est une martingale, et si $\mathbb{E}[M_t^2] < +\infty$ pour tout t fini. Nous désignerons par $\underline{\underline{M}}$ l'espace des martingales de carré intégrable (avec identification de deux martingales indistinguables), que nous munirons des semi-normes

$$\eta_t(M) = \sqrt{\mathbb{E}[M_t^2]} \qquad (M\in\underline{\underline{M}}) .$$

Le sous-espace de $\underline{\underline{M}}$ constitué par les martingales à trajectoires continues (à une identification près !) sera désigné par $\underline{\underline{M}}_c$. Rappelons une inégalité classique, due à DOOB ([3], chap.VI, n°2)

$$\mathbb{E}[\sup_{s\leq t} M_s^2] \leq 4\mathbb{E}[M_t^2] \quad ;$$

cette inégalité entraîne sans peine le théorème suivant :

(*)On déduit en fait de ce théorème un résultat plus précis : si A et A' sont deux éléments de $\underline{\underline{A}}^+$ associés, les relations $H\in\dot{L}^1(A)$ et $H\in\dot{L}^1(A')$ sont équivalentes.

THÉORÈME 2 .- $\underline{\underline{M}}$ est un espace de Fréchet, et $\underline{\underline{M}}_c$ est fermé dans $\underline{\underline{M}}$.
De plus, si la tribu $\underline{\underline{F}}$ est séparable (i.e. engendrée par une suite d'ensembles, aux ensembles négligeables près), l'espace $\underline{\underline{M}}$ est lui aussi séparable.

2. Le théorème suivant est fondamental pour la théorie des intégrales stochastiques. Il est démontré dans [3], chap.VIII, n^{os}23 à 25.(*)

THÉORÈME 3.- Soit $M \in \underline{\underline{M}}$; il existe un processus croissant $A \in \underline{\underline{A}}_c^+$, unique, tel que le processus $(M_t^2 - A_t)$ soit une martingale.

Nous poserons $A = \langle M,M \rangle$. La propriété caractéristique de ce processus croissant continu s'écrit, si $s \leq t$

$$(1) \quad E[M_t^2 - M_s^2 | \underline{\underline{F}}_s] = E[(M_t - M_s)^2 | \underline{\underline{F}}_s] = E[\langle M,M \rangle_t - \langle M,M \rangle_s | \underline{\underline{F}}_s]$$

où l'on peut d'ailleurs remplacer s,t par deux temps d'arrêt bornés S,T tels que $S \leq T$ (il suffit d'appliquer le théorème d'arrêt de DOOB à la martingale $(M_t^2 - A_t)$. Soient alors M et N deux éléments de $\underline{\underline{M}}$; on posera, en suivant MOTOO et WATANABE

$$\langle M,N \rangle = \frac{1}{2}(\langle M+N,M+N \rangle - \langle M,M \rangle - \langle N,N \rangle),$$

de sorte que $\langle M,N \rangle$ appartient à $\underline{\underline{A}}_c$ et que l'on a, avec les notations ci-dessus

$$(2) \quad E[M_T N_T - M_S N_S | \underline{\underline{F}}_S] = E[(M_T - N_T)(M_S - N_S) | \underline{\underline{F}}_S] = E[\langle M,N \rangle_T - \langle M,N \rangle_S | \underline{\underline{F}}_S].$$

Les deux martingales M et N seront dites orthogonales si $\langle M,N \rangle = 0$; cela entraîne évidemment que le processus $(M_t N_t)$ est une martingale. Inversement, si MN est une martingale , le processus continu (donc naturel) $\langle M,N \rangle \in \underline{\underline{A}}$ est associé à 0, ce qui entraîne qu'il est nul (th.1).

La proposition suivante donne des majorations utiles .

PROPOSITION 3.- Soient H et K deux processus bien-mesurables tels que $H^2 \in L^1(\langle M,M \rangle)$, $K^2 \in L^1(\langle N,N \rangle)$; alors $HK \in L^1(\langle M,N \rangle)$ et on a

$$(3) \quad E[\int_0^t |H_s| |K_s| |d\langle M,N \rangle_s|] \leq (E[\int_0^t H_s^2 d\langle M,M \rangle_s])^{1/2} (E[\int_0^t K_s^2 d\langle N,N \rangle_s])^{1/2}.$$

DÉMONSTRATION.- Nous commencerons par traiter le cas où H et K sont des processus de la forme :

(*) On verra en appendice une méthode pour construire ce processus.

$$H_s(\omega) = \sum_p I_{]t_p,t_{p+1}]}(s)H_p(\omega)$$
$$K_s(\omega) = \sum_p I_{]t_p,t_{p+1}]}(s)K_p(\omega) \qquad \text{sur } [0,t],$$

où (t_p) est une subdivision finie de l'intervalle $[0,t]$, et où H_p, K_p sont uniformément bornées, et $\underline{\underline{F}}_{t_p}$ -mesurables pour tout p. Dans ce cas, calculons $\underset{\sim}{E}[\int_0^t H_sK_s d\langle M,N\rangle_s]$ en tenant compte de la relation (2), et appliquons deux fois l'inégalité de Schwarz. Il vient

$$\underset{\sim}{E}[\int_0^t H_sK_s d\langle M,N\rangle_s] = \underset{\sim}{E}[\sum_p H_pK_p(M_{t_{p+1}}-M_{t_p})(N_{t_{p+1}}-N_{t_p})]$$
$$\leqq \underset{\sim}{E}[(\sum H_p^2(M_{t_{p+1}}-M_{t_p})^2)^{1/2}(\sum K_p^2(N_{t_{p+1}}-N_{t_p})^2)^{1/2}] \leqq$$
$$(\underset{\sim}{E}[\sum H_p^2(\langle M,M\rangle_{t_{p+1}}-\langle M,M\rangle_{t_p})])^{1/2}(\underset{\sim}{E}[\sum K_p^2(\langle N,N\rangle_{t_{p+1}}-\langle N,N\rangle_{t_p})])^{1/2} .$$

Autrement dit, pour les processus du type considéré :

$$(4) \quad \underset{\sim}{E}[\int_0^t H_sK_s d\langle M,N\rangle_s] \leqq (\underset{\sim}{E}[\int_0^t H_s^2 d\langle M,M\rangle_s])^{1/2}(\underset{\sim}{E}[\int_0^t K_s^2 d\langle N,N\rangle_s])^{1/2} .$$

On étend cela par passage à la limite au cas où H et K sont bornés et continus à gauche, puis, par le raisonnement habituel de classes monotones, au cas où H et K sont bornés et très-bien-mesurables. Pour passer au cas où H et K sont bornés et bien-mesurables, on utilisera l'énoncé rappelé ci-dessus au §I, à la fin du n°1. Passons maintenant de (4) à (3), en supposant toujours H et K bien-mesurables et bornés : il existe (prop.1) un processus bien-mesurable L tel que $L_s=\pm 1$, et que $L.\langle M,N\rangle = |\langle M,N\rangle|$; on obtient (3) en remplaçant dans (4) H_s par $|H_s|$, K_s par $|K_s|L_s$. On passe enfin de là, sans aucune peine, au cas où H et K ne sont pas bornés.

3. **Intégrales stochastiques des processus très-bien-mesurables**

(La raison de cette restriction apparaîtra par la suite).

DÉFINITION.- Soit $M\in\underline{\underline{M}}$; on désigne par $\dot{L}^2(M)$ l'ensemble des processus très-bien-mesurables H tels que $\underset{\sim}{E}[\int_0^t H_s^2 d\langle M,M\rangle_s] <+\infty$ pour tout t fini .

Autrement dit, $H\in\dot{L}^2(M) \Longleftrightarrow H^2\in\dot{L}^1(\langle M,M\rangle)$; nous munirons $\dot{L}^2(M)$ des semi-normes :

$$\nu_t(H) = (\underset{\sim}{E}[\int_0^t H_s^2 d\langle M,M\rangle_s])^{1/2} .$$

Voici alors le théorème d'existence des intégrales stochastiques des processus très-bien-mesurables, sous la forme due à MOTOO et WATANABE. Sous une forme un peu différente, ce théorème a été établi par COURRÈGE dans [1].

THÉORÈME 4.- <u>Soit $M\in\underline{\underline{M}}$, et soit $H\in\dot{L}^2(M)$. Il existe un élément et un seul de $\underline{\underline{M}}$, noté H.M, tel que l'on ait pour tout $N\in\underline{\underline{M}}$</u>

(5) $\langle H.M,N \rangle = H.\langle M,N \rangle$ (*)

DÉMONSTRATION.- a) unicité : soient L et L' deux éléments de $\underline{\underline{M}}$ tels que $\langle L,N\rangle = \langle L',N\rangle = H.\langle M,N\rangle$ pour tout $N\in\underline{\underline{M}}$; on a alors $\langle L-L',N\rangle = 0$, donc $\langle L-L',L-L'\rangle = 0$, et $L=L'$.

b) Existence : nous désignerons par $\dot{E}$ le sous-espace de $\dot{L}^2(M)$ constitué par les processus H de la forme

$$H_s = \sum_{i\in\underset{\sim}{N}} H_i I_{]t_i,t_{i+1}]}(s)$$

où (t_i) est une subdivision dyadique de la droite, et où H_i est $\underline{\underline{F}}_{t_i}$-mesurable et bornée pour tout i. Nous noterons alors H.M la martingale définie, si k(s) est le dernier indice i tel que $t_i<s$, par :

$$(H.M)_s = H_0(M_{t_1}-M_{t_0})+H_1(M_{t_2}-M_{t_1})+\ldots+H_{k(s)}(M_s-M_{k(s)}).$$

Il est facile de vérifier que H.M satisfait à (5). Un argument simple de classe monotone permet de montrer que $\dot{E}$ est dense dans $\dot{L}^2(M)$; comme l'application $H\mapsto H.M$ est continue (on a $\eta_t(H.M) = \nu_t(H)$), elle se prolonge en une application continue de $\dot{L}^2(M)$ dans $\underline{\underline{M}}$, qui est l'application cherchée(**)

NOTATION.- On écrira $(H.M)_t = \int_0^t H_s dM_s$.

(*) Le second membre a un sens d'après la prop.3 : on a en effet $H^2\in L^1(\langle M,M\rangle)$, $1\in L^1(\langle N,N\rangle)$, donc $H.1=H \in L^1(\langle M,N\rangle)$.

(**) On montrera aisément que H.M est continue si M est continue (grâce au th.1).

Le résultat suivant est une conséquence immédiate de la formule (5), et de la prop.3

COROLLAIRE .- Soient M et N deux éléments de $\underline{\underline{M}}$, H et K deux éléments de $\dot{L}^2(M)$ et $\dot{L}^2(N)$ respectivement. On a alors $HK \in L^1(<M,N>)$, et

$$< H.M,\ K.N > = HK.< M,N > .$$

En particulier,

$$\underset{\sim}{E}[(\int_0^t H_s dM_s)(\int_0^t K_s dN_s)] = \underset{\sim}{E}[\int_0^t H_s K_s d<M,N>_s] .$$

REMARQUE.- Voici la définition " classique" de l'intégrale stochastique d'un processus bien-mesurable . Nous désignerons par $L^2(M)$ l'ensemble des processus bien-mesurables H tels que $H^2 \in L^1(<M,M>)$. Il existe alors (§I, n°1) un processus $\dot{H}$ très-bien-mesurable tel que , pour presque tout ω, l'ensemble $\{t: H_t(\omega) \neq \dot{H}_t(\omega)\}$ soit dénombrable. On a alors $\underset{\sim}{E}[\int_0^\infty (H_s-\dot{H}_s)^2 d<M,M>_s]=0$, puisque < M,M > est continu ; on a donc $\dot{H} \in \dot{L}^2(M)$. Si $\dot{H}'$ est un second élément de $\dot{L}^2(M)$ satisfaisant à la propriété ci-dessus, on a aussi $\underset{\sim}{E}[\int_0^\infty (\dot{H}_s-\dot{H}'_s)^2 d<M,M>_s]=0$, et les processus $\dot{H}.M$ et $\dot{H}'.M$ sont donc indistinguables. On peut donc poser sans ambiguité $H.M=\dot{H}.M$, et toutes les formules écrites plus haut s'étendent au cas des processus bien-mesurables. Nous indiquerons au §3 une autre manière de définir l'intégrale stochastique pour ces processus.

4. Sous espaces stables et théorème de projection.

Nous dirons qu'un sous-espace $\underline{\underline{L}}$ de $\underline{\underline{M}}$ est un sous-espace stable s'il est fermé, et si l'on a $H.M \in \underline{\underline{L}}$ pour tout $M \in \underline{\underline{L}}$ et tout processus H, très-bien-mesurable et borné ; on a alors $H.M \in \underline{\underline{L}}$ pour tout $H \in \dot{L}^2(M)$. Toute intersection de sous-espaces stables étant encore un sous-espace stable, on peut parler du sous-espace stable $\underline{\underline{S}}(J)$ engendré par une partie $\underline{\underline{J}}$ de $\underline{\underline{M}}$.

Si $\underline{\underline{J}} \subset \underline{\underline{M}}$, on notera $J^\perp$ l'orthogonal de $\underline{\underline{J}}$, ensemble des $M \in \underline{\underline{M}}$ orthogonales à toute martingale $J \in \underline{\underline{J}}$; $J^\perp$ est évidemment un sous-es-pace stable, d'après la relation < H.M,J > = H.<M,J>.

Nous allons établir, d'après MOTOO et WATANABE, le théorème suivant :

THÉORÈME 5.- <u>Soit</u> $M\in\underline{\underline{M}}$, <u>et soit</u> $\underline{\underline{L}}$ <u>un sous-espace stable de</u> $\underline{\underline{M}}$. <u>Il existe un élément</u> $pr_{\underline{\underline{L}}}(M)$ <u>de</u> $\underline{\underline{L}}$, <u>unique, tel que</u> $M-pr_{\underline{\underline{L}}}(M)\in\underline{\underline{L}}^{\perp}$.

DÉMONSTRATION.- 1)L'unicité est évidente : si L et L' sont deux éléments de $\underline{\underline{L}}$ tels que M-L et M-L' soient orthogonales à $\underline{\underline{L}}$, on a $<L-L',L-L'>=0$, donc L=L'.

2)Soit $N\in\underline{\underline{M}}$; les propositions 1 et 3 entraînent l'existence d'un processus bien-mesurable $H\in L^1(<N,N>)$ tel que $<M,N>=H.<N,N>$; comme $<N,N>$ est continu, on peut supposer que H est très-bien-mesurable (§1,n°1). Si nous pouvons montrer que $H\in\dot{L}^2(N)$, H.N sera la projection de M sur $\underline{\underline{S}}(N)$. En effet, on aura alors $<M-H.N,N> = <M,N> - H.<N,N> = 0$; l'orthogonal de M-H.N sera un sous-espace stable contenant N, et contiendra donc $\underline{\underline{S}}(N)$(*).

Pour montrer que $H\in\dot{L}^2(N)$, désignons par H_n le processus obtenu en tronquant H à -n et +n(**). On a en utilisant la prop.3

$$\underset{\sim}{E}[\int_0^t H_{ns}^2 d<N,N>_s] = \underset{\sim}{E}[\int_0^t |H_{ns}|.(|H_{ns}|d<N,N>_s)] = \underset{\sim}{E}[\int_0^t |H_{ns}|.(|H_s|d<N,N>_s]$$

$$= \underset{\sim}{E}[\int_0^t |H_{ns}|d\{<M,N>\}_s] \leq (\underset{\sim}{E}[<M,M>_t])^{1/2}(\underset{\sim}{E}[\int_0^t |H_{ns}|d<N,N>_s])^{1/2}$$

$$\leq (\underset{\sim}{E}[<M,M>_t])^{1/2}(\underset{\sim}{E}[\{<M,N>\}_t])^{1/2} < +\infty .$$

3) Passons au cas où $\underline{\underline{L}} = \underline{\underline{S}}(N_1,N_2,\dots,N_p)$. Nous raisonnerons par récurrence sur le nombre p des générateurs, en supposant établie l'existence de la projection sur tout sous-espace stable engendré par moins de p martingales. Quitte à remplacer N_2 par $N_2-pr_{\underline{\underline{S}}(N_1)}(N_2)$, N_3 par $N_3-pr_{\underline{\underline{S}}(N_1,N_2)}(N_3)\dots$, on peut supposer que les martingales génératrices $N_1,\dots,N_p$ sont deux à deux orthogonales. Soient alors $H_1.N_1$, $H_2.N_2,\dots,H_p.N_p$ les projections de M sur les sous-espaces stables $\underline{\underline{S}}(N_1),\dots,\underline{\underline{S}}(N_p)$; on vérifie aussitôt que la projection cherchée est $H_1.N_1+\dots+H_p.N_p$.

4) Enfin, pour un sous-espace stable quelconque $\underline{\underline{L}}$, on considère l'ensemble F des sous-espaces stables $\underline{\underline{K}}\subset\underline{\underline{L}}$, engendrés par un nombre fini de martingales, et on ordonne F par inclusion ; $pr_{\underline{\underline{K}}}(M)$

(*) Prenons en particulier $M\in\underline{\underline{L}}$, il vient M=H.N ; ainsi $\underline{\underline{S}}(N)=\{H.N,\ H\in\dot{L}^2(N)\}$.

(**) $H_{ns} = H_s I_{\{|H_s|\leq n\}}$.

converge alors vers la projection cherchée, le long du filtre des sections de F (th.2 : il est immédiat de vérifier que l'on a un filtre de Cauchy dans $\underline{\underline{M}}$).

COROLLAIRE.- <u>Supposons que la tribu $\underline{\underline{F}}$ soit séparable. Il existe alors une martingale</u> $Z\in\underline{\underline{M}}$, <u>telle que tous les processus croissants</u> $< M,M >$ $(M\in\underline{\underline{M}})$ <u>soient absolument continus par rapport à</u> $< Z,Z >$.

DÉMONSTRATION.- Soit (Z_n) une suite totale dans $\underline{\underline{M}}$; le procédé d'orthogonalisation utilisé plus haut permet de supposer que les Z_n sont deux à deux orthogonales . Choisissons des nombres $\lambda_n \neq 0$ tels que la série $\sum \lambda_n Z_n$ converge dans $\underline{\underline{M}}$, et désignons par Z cette somme ; quitte à changer de notations, on peut supposer que les λ_n sont égaux à 1. On a alors $< Z,Z > = \sum_n < Z_n,Z_n >$; d'autre part, toute martingale $M\in\underline{\underline{M}}$ s'écrit sous la forme $\sum_n H_n.Z_n$, et on a donc $< M,M > = \sum_n H_n^2.< Z_n,Z_n >$. La relation $K.Z=0$ entraîne donc $K.M = 0$, et on conclut par la prop.1.

§3. SOMMES COMPENSÉES DE SAUTS

1. Dans ce paragraphe, nous écrirons ΔM_t^2 au lieu de $(\Delta M_t)^2$(il ne risquera pas d'y avoir ambigüité avec le saut du processus M^2 à l'instant t).

PROPOSITION 4.- <u>Soit</u> $M\in\underline{\underline{M}}$. <u>On a si</u> $r<t$

$$\underset{\sim}{E}[\sum_{r<s\leq t} \Delta M_s^2 | \underline{\underline{F}}_r] \leq \underset{\sim}{E}[M_t^2-M_r^2|\underline{\underline{F}}_r] ,$$

et en particulier $\underset{\sim}{E}[\sum_{s\leq t}\Delta M_s^2] \leq \underset{\sim}{E}[M_t^2-M_0^2]$.

DÉMONSTRATION.- Nous établirons seulement la seconde inégalité. Désignons par $(t_i^n)_{0\leq i<2^n}$ la n-ième subdivision dyadique de $[0,t]$. On a

$$\underset{\sim}{E}[\sum(M_{t_{i+1}^n}-M_{t_i^n})^2] = \underset{\sim}{E}[(M_t-M_0)^2] ,$$

et d'autre part

$$\sum_{s\leq t}\Delta M_s^2 \leq \liminf_n \sum_{i=0}^{2^n-1} (M_{t_{i+1}^n}-M_{t_i^n})^2,$$

comme on le vérifie très facilement. On applique alors le lemme de Fatou.

COROLLAIRE.- <u>Soit</u> $M\in\underline{\underline{M}}$, <u>et soit</u> T <u>un temps d'arrêt. Le processus</u>

$(A_t)=(\Delta M_T I_{\{t\geq T\}})$ appartient à $\underline{\underline{A}}$.

(La relation $\Delta M_T \in L^2$ entraîne en effet $|\Delta M_T| \in L^1$!). On a en fait un résultat plus précis, démontré en substance dans [3], chap.VIII, th.31 (avec la remarque suivant ce théorème ; on se borne seulement à calculer $<\overset{c}{A},\overset{c}{A}>$ au lieu de $<\overset{c}{A},N>$).

PROPOSITION 5.- Soit $M \in \underline{\underline{M}}$, et soit T un temps d'arrêt. La martingale $\overset{c}{A} = A-\tilde{A}$ (où $A \in \underline{\underline{A}}$ est le processus défini plus haut) appartient à $\underline{\underline{M}}$. Soit $N \in \underline{\underline{M}}$, et soit B le processus défini par

$$B_t = \Delta M_T . \Delta N_T . I_{\{t\geq T\}} \quad ;$$

on a alors $B \in \underline{\underline{A}}$, et $<\overset{c}{A},N> = \overset{c}{\tilde{B}}$. En particulier, $\overset{c}{A}$ est orthogonale à toute martingale $N \in \underline{\underline{M}}$ continue à l'instant T.

Choisissons maintenant une suite $(T_n)_{n\geq 1}$ de temps d'arrêt , qui épuise les sauts de M (§I, n°3), et désignons par A_n le processus $(\Delta M_{T_n} I_{\{t\geq T_n\}})$, qui appartient à $\underline{\underline{A}}$. Il n'est pas difficile de déduire de la prop.5,et de l'inégalité classique de DOOB rappelée au début du §2, que l'on a le résultat suivant :

THÉORÈME 6.- La martingale $M \in \underline{\underline{M}}$ s'écrit comme somme d'une série, convergente dans $\underline{\underline{M}}$, de martingales deux à deux orthogonales

$$M = M' + \sum_{n\geq 1} \overset{c}{A}_n = M'+M'' \quad .$$

La martingale M' est continue. La martingale M" est orthogonale à toute martingale $N \in \underline{\underline{M}}$ sans discontinuité commune avec M".

Il en résulte aussitôt que la décomposition de M en M' et M" est unique ; on dira que M" est la somme compensée des sauts de M . Si M=M" , on dira que M est une somme compensée de sauts. Il faut et il suffit pour cela

- que M soit orthogonale à toute martingale $N \in \underline{\underline{M}}$ sans discontinuité commune avec M

ou seulement

- que M soit orthogonale à toute martingale continue.

Voici encore une caractérisation des sommes compensées de sauts .

PROPOSITION 6.- Pour que M soit une somme compensée de sauts, il faut et il suffit que l'on ait, pour tout couple (r,t) tel que r<t

$$\underset{\sim}{E}[\sum_{r<s\leq t} \Delta M_s^2 | \underline{\underline{F}}_r] = \underset{\sim}{E}[M_t^2 - M_r^2 | \underline{\underline{F}}_r] \quad \text{p.s.}$$

DÉMONSTRATION.- Désignons par T un temps d'arrêt, et reprenons les notations de la prop.5 ; on a $< \overset{c}{A}, \overset{c}{A} >_t \sim \Delta M_T^2 I_{\{t \geq T\}}$, soit

$$\underset{\sim}{E}[\Delta M_T^2 I_{\{r<T\leq t\}} | \underline{\underline{F}}_r] = \underset{\sim}{E}[\overset{c}{A}{}_t^2 - \overset{c}{A}{}_r^2 | \underline{\underline{F}}_r] \; .$$

Faisons parcourir à T une suite (T_n) qui épuise les sauts de M, sommons sur n, il vient

$$\underset{\sim}{E}[\sum_{r<s\leq t} \Delta M_s^2 | \underline{\underline{F}}_r] = \underset{\sim}{E}[M_t''^2 - M_r''^2 | \underline{\underline{F}}_r],$$

d'où aussitôt le résultat cherché, les martingales M' et M" du th. 6 étant orthogonales. Noter qu'il suffit même que l'on ait pour tout t

$$\underset{\sim}{E}[\sum_{s\leq t} \Delta M_s^2] = \underset{\sim}{E}[M_t^2 - M_0^2]$$

pour que l'on ait M=M" , i.e. pour que M soit une somme compensée de sauts.

2. Second processus croissant associé à une martingale.

Soit $M \in \underline{\underline{M}}$; nous allons associer à M un second processus croissant, qui au lieu d'être naturel comme < M,M > sera retors. La décomposition M=M'+M" a la même signification que dans le th.6.

DÉFINITION.- Nous désignerons par [M,M] le processus croissant défini par

$$[M,M]_t = <M',M'>_t + \sum_{s\leq t} \Delta M_s^2 \quad .$$

Il résulte de la prop.6 que le second processus croissant figurant au second membre, et le processus croissant < M",M">, sont associés ; comme M' et M" sont orthogonales, on voit que les processus [M,M] et <M,M> sont eux-mêmes associés.

Nous poserons , si M et N sont deux éléments de $\underline{\underline{M}}$, [M,N] =

$\frac{1}{2}([M+N,M+N]-[M,M]-[N,N])$; ce processus appartient à $\underline{\underline{A}}$, est associé à $\langle M,N\rangle$, et on a évidemment

$$[M,N]_t = \langle M',N'\rangle_t + \sum_{s\leq t}\Delta M_s.\Delta N_s .$$

On a donc $[M,N]=0$ si et seulement si M et N n'ont pas de discontinuités communes, et si M' et N' sont orthogonales.

DÉFINITION.- Nous désignerons par $L^2(M)$ l'ensemble des processus bien-mesurables H tels que $H^2 \in L^1([M,M])$.

Les processus $[M,M]$ et $\langle M,M\rangle$ étant associés, il résulte de la prop.2 que, si H est très-bien-mesurable, les processus $H^2.[M,M]$ et $H^2.\langle M,M\rangle$ sont associés. Autrement dit, un processus très-bien-mesurable appartient donc à $L^2(M)$ si et seulement s'il appartient à $\dot{L}^2(M)$ (§2,n°3). On peut munir $L^2(M)$ des semi-normes $\nu_t(H)= (\underset{\sim}{E}[\int_0^t H_s^2 d[M,M]_s])^{1/2}$, qui prolongent les semi-normes ν_t définies sur $\dot{L}^2(M)$ au §2, n°3.

Le résultat suivant est analogue à la prop.3 .

PROPOSITION 7.- Soient M et N deux éléments de $\underline{\underline{M}}$, H et K deux éléments de $L^2(M)$ et $L^2(N)$ respectivement. On a alors $HK \in L^1([M,N])$, et

$$\underset{\sim}{E}[\int_0^t |H_s||K_s||d[M,N]_s|] \leq (\underset{\sim}{E}[\int_0^t H_s^2 d[M,M]_s])^{1/2}(\underset{\sim}{E}[\int_0^t K_s^2 d[N,N]_s])^{1/2} .$$

DÉMONSTRATION.- Nous nous bornerons au cas où M et N sont des sommes compensées de sauts, le cas général s'obtenant en combinant celui-ci et la prop.3 pour les parties continues, et en appliquant l'inégalité de Schwarz. On a alors pour le premier membre l'évaluation

$$\underset{\sim}{E}[\sum_{s\leq t}|H_s K_s \Delta M_s \Delta N_s|] \leq (\underset{\sim}{E}[\sum_{s\leq t}|H_s^2 \Delta M_s^2|])^{1/2}(\underset{\sim}{E}[\sum_{s\leq t}|K_s^2 \Delta N_s^2|])^{1/2}$$

quantité égale au second membre de l'expression de l'énoncé.

3. **Voici enfin la théorie de l'intégrale stochastique pour les processus bien-mesurables. L'intérêt de ces intégrales stochastiques tient au th.8, d'après lequel la martingale H.M admet en tout point s un saut égal à $H_s.\Delta M_s$, à la manière des intégrales de Stieltjes ordinaires (mais contrairement aux**

intégrales stochastiques " classiques" des processus bien-mesurables, introduites plus haut dans la remarque après le th.4).

THÉORÈME 7.- Soient $M \in \underline{\underline{M}}$ et $H \in L^2(M)$. Il existe une martingale $H.M \in \underline{\underline{M}}$, unique, telle que l'on ait pour toute martingale $N \in \underline{\underline{M}}$

$$[H.M,N] = H.[M,N] \quad .$$

Si H est très-bien-mesurable, la martingale H.M coïncide avec celle qui est désignée par la même notation dans l'énoncé du th.4.

DÉMONSTRATION.-a)Unicité : soient L_1 et L_2 deux éléments de $\underline{\underline{M}}$ tels que $[L_1,N]=[L_2,N]=H.[M,N]$; alors en prenant $N=L_1-L_2$ on trouve que $[L_1-L_2,L_1-L_2]=0$, donc (les processus [,] et < , > étant associés) $\underset{\sim}{E}[(L_1-L_2)_t^2]=0$ pour tout t, et $L_1=L_2$.

b)Existence : choisissons un processus très-bien-mesurable $\dot{H}$ tel que $\{t : H_t(\omega)\neq\dot{H}_t(\omega)\}$ soit dénombrable pour tout $\omega\in\Omega$ (§1,n°1). Reprenons la décomposition $M=M'+M''$ du th.6, avec $M''=\sum \overset{c}{A}_n$. On a évidemment $\dot{H} \in L^2(M')$. Pour chaque n, le processus $H.A_n$ appartient à $\underline{\underline{A}}$, et la martingale $M_n = \widehat{H.A_n}$ appartient à $\underline{\underline{M}}$ (prop.5) ; M_n a un seul saut, à l'instant T_n, égal à $H_{T_n}.\Delta M_{T_n}$. Ces martingales sans discontinuités communes sont deux à deux orthogonales, et on en déduit aussitôt que la série $\dot{H}.M' + \sum_n M_n$ converge dans $\underline{\underline{M}}$.Il est très facile alors de vérifier que cette martingale satisfait à l'égalité de l'énoncé.

c) Supposons que H soit très-bien-mesurable ; soit $N \in \underline{\underline{M}}$. Le symbole H.M ayant le sens ci-dessus, les processus [H.M,N] et <H.M,N> sont associés. D'autre part, [M,N] et <M,N> étant associés, la prop.3 entraîne que H.[M,N] et H.<M,N> sont associés. Comme [H.M,N] et H.[M,N] sont égaux, <H.M,N> et H.<M,N> sont associés ; comme ils sont continus, ils sont égaux, et H.M satisfait à la propriété caractéristique du théorème 4. CQFD .

Le théorème suivant est une conséquence facile (mais assez importante) de la construction du th.7 :

THÉORÈME 8.- Soient $M \in \underline{\underline{M}}$ et $H \in L^2(M)$. Pour presque tout $\omega \in \Omega$ on a

$$\Delta(H.M)_s(\omega) = H_s(\omega) \,.\, \Delta M_s(\omega) \qquad \text{pour tout } s.$$

DÉMONSTRATION.- La martingale H.M est somme dans $\underline{\underline{M}}$ des martingales $H.M'$ et $\widehat{H.A^c_n}$ (notations du th.7). La propriété ci-dessus est alors vraie pour chacune de ces martingales, et on conclut grâce à l'inégalité de DOOB (début du §2, n°1).

REMARQUE.- Il est assez facile d'étendre l'intégration des processus très-bien-mesurables au cas où la famille $(\underline{\underline{F}}_t)$ possède des temps de discontinuité. En revanche, nous ne savons pas faire cette extension pour les processus bien-mesurables.

Le lecteur pourra trouver dans les travaux récents de P.W.MILLAR (réf. à la fin de l'exposé II) une autre manière d'aborder les intégrales stochastiques.

APPENDICE : CONSTRUCTION DES DEUX PROCESSUS CROISSANTS ASSOCIÉS À UNE MARTINGALE DE CARRÉ INTÉGRABLE

L'objet de cet appendice est une construction simple des deux processus $\langle M,M\rangle$ et $[M,M]$ associés à une martingale $M\in\underline{\underline{M}}$. Une construction analogue est donnée dans [2] pour le processus $\langle M,M\rangle$ associé à une martingale M continue , mais elle est moins simple à certains égards (elle utilise des chaînes de temps d'arrêt au lieu de subdivisions dyadiques). Chemin faisant, nous préciserons certains résultats du chap.VII de [3] sur les processus de la classe (D) et le " passage du discret au continu" dans la décomposition des surmartingales.

1. Propriétés d'intégrabilité uniforme.(*)

Soit $(Y_s)_{s\in\mathbb{R}_+}$ un processus stochastique mesurable, mais non nécessairement adapté à la famille $(\underline{\underline{F}}_s)$. Soit $\underline{\underline{T}}$ l'ensemble de tous les temps d'arrêt finis de la famille $(\underline{\underline{F}}_s)$; nous dirons que Y appartient à la classe (D) si l'ensemble de toutes les variables aléatoires Y_T, $T\in\underline{\underline{T}}$, est uniformément intégrable. En général nous introduirons la fonction r (module d'intégrabilité) définie pour $c\in\mathbb{R}_+$ par

$$r(c) = \sup_{T\in\underline{\underline{T}}} \mathbb{E}[|Y_T| I_{\{|Y_T|>c\}}]$$

Y appartient à la classe (D) si et seulement si la fonction r est finie, et tend vers 0 lorsque $c\to+\infty$.

LEMME.- Si Y appartient à la classe (D), les variables aléatoires $Y_T.I_{\{T<+\infty\}}$ sont uniformément intégrables, T parcourant l'ensemble de tous les temps d'arrêt finis ou non.

On peut en effet supposer que Y est ≥ 0 ; la relation $Y_T.I_{\{T<+\infty, Y_T>c\}} \leq \liminf_n Y_{T_n}.I_{\{Y_{T_n}>c\}}$ (où $T_n = \inf(T,n)$), et le lemme de Fatou, montrent que l'espérance du premier membre est majorée par r(c), d'où le lemme.

Dans la suite, nous utiliserons la notion de processus de la classe (D), ou la notation r(c), pour des processus dont l'ensemble des temps sera distinct de $\mathbb{R}_+$.

(*) L'absence de temps de discontinuité pour la famille de tribus ne sera utilisée qu'à partir du théorème 1.

2. Considérons une surmartingale ≥ 0 , $X = (X_n)_{n\geq 0}$, par rapport à une famille de tribus $(\underline{F}_n)$, et supposons que X appartienne à la classe (D). Désignons par $\underline{X}$ la partie potentiel de la décomposition de Riesz de X ([3], chap.V, n°25), et posons :

$$A_0=0,\ A_1=A_0+(X_0-\underset{\sim}{E}[X_1|\underline{F}_0]),\ \ldots\ldots,\ A_n=A_{n-1}+(X_{n-1}-\underset{\sim}{E}[X_n|\underline{F}_{n-1}])\ldots$$

Si $a_0, a_1, \ldots$ est une suite de nombres positifs, on a $(a_0+a_1+\ldots)^2 \leq 2[a_0(a_0+a_1+\ldots)+ a_1(a_1+a_2+\ldots)+a_2(a_2+\ldots)+\ldots]$. Donc ici

$$\begin{aligned} A_\infty^2 &\leq 2[\ (\underline{X}_0-\underset{\sim}{E}[\underline{X}_1|\underline{F}_0])(\ (\underline{X}_0-\underset{\sim}{E}[\underline{X}_1|\underline{F}_0])+(\underline{X}_1-\underset{\sim}{E}[\underline{X}_2|\underline{F}_1])+\ldots\ ) \\ &\quad + (\underline{X}_1-\underset{\sim}{E}[\underline{X}_2|\underline{F}_1])(\ (\underline{X}_1-\underset{\sim}{E}[\underline{X}_2|\underline{F}_1])+(\underline{X}_2-\underset{\sim}{E}[\underline{X}_3|\underline{F}_2])+\ldots\ ) \\ &\quad +\ldots.] \\ &= 2[\ (\underline{X}_0-\underset{\sim}{E}[\underline{X}_1|\underline{F}_0])\underline{X}_0 + (\underline{X}_1-\underset{\sim}{E}[\underline{X}_2|\underline{F}_1])\underline{X}_1+\ldots] \end{aligned}$$

Donc en particulier, si $\underline{X} \leq c$, on a $\underset{\sim}{E}[A_\infty^2] \leq 2c\underset{\sim}{E}[X_0] \leq 2c^2$.

Posons ensuite $T_c = \inf\{n : X_n>c\}$, et $A_n^c = A_n I_{\{n<T_c\}}+A_{T_c}I_{\{n\geq T_c\}}$.

Soit $Y_n=\underset{\sim}{E}[A_\infty^c - A_n^c|\underline{F}_n] \leq \underline{X}_n$. La relation $\underline{X}_n>c$ entraîne $T_c\leq n$, donc $A_\infty^c = A_n^c$, donc

$$\begin{aligned} Y_n &= \underset{\sim}{E}[(A_\infty^c - A_n^c)I_{\{\underline{X}_n\leq c\}}] = \underset{\sim}{E}[A_\infty^c - A_n^c|\underline{F}_n]I_{\{\underline{X}_n\leq c\}} = Y_n I_{\{\underline{X}_n\leq c\}} \\ &\leq Y_n I_{\{Y_n\leq c\}} \leq c\ . \end{aligned}$$

Ainsi $\underset{\sim}{E}[(A_\infty^c)^2] \leq 2c^2$. D'autre part, $\underset{\sim}{E}[A_\infty - A_\infty^c]=\underset{\sim}{E}[\underset{\sim}{E}[A_\infty - A_{T_c}|\underline{F}_{T_c}]$ $= \underset{\sim}{E}[\underline{X}_{T_c}] \leq r(c)$. Par conséquent, si u est un nombre >0

$$\begin{aligned} \int_{\{A_\infty>u\}} A_\infty\, d\underset{\sim}{P} &\leq r(c)+\int_{\{A_\infty>u\}} A_\infty^c\, d\underset{\sim}{P} \leq r(c)+(\underset{\sim}{P}\{A_\infty>u\})^{1/2}(\underset{\sim}{E}[(A_\infty^c)^2])^{1/2} \\ &\leq r(c) + (\ \tfrac{1}{u}\underset{\sim}{E}[X_0])^{1/2}(2c^2)^{1/2}\ . \end{aligned}$$

Notons que $\underset{\sim}{E}[X_0] \leq c+r(c)$. Choisissons $c= u^{1/6}$; il vient

$$\int_{\{A_\infty>u\}} A_\infty\, d\underset{\sim}{P} \leq r(u^{1/6}) + [2u^{-1/2} +2u^{-2/3}r(u^{1/6})]^{1/2}$$

quantité qui tend vers 0 lorsque $u\to+\infty$. Cette majoration donne un " module d'intégrabilité" pour les variables aléatoires A_∞, en fonction du module d'intégrabilité du processus X.

Applications.

a) Cas d'une surmartingale positive $X_0, X_1, \ldots, X_n$ (adaptée à une famille de tribus $\underline{\underline{F}}_0, \ldots, \underline{\underline{F}}_n$). Posons pour m>n $X_m = X_n$, $\underline{\underline{F}}_m = \underline{\underline{F}}_n$: cela ne change pas le module d'intégrabilité r(c). La variable aléatoire A_∞ considérée plus haut vaut alors :

$$(X_0 - \underset{\sim}{E}[X_1 | \underline{\underline{F}}_0]) + \ldots . + (X_{n-1} - \underset{\sim}{E}[X_n | \underline{\underline{F}}_{n-1}])$$

et le calcul précédent donne un module d'intégrabilité pour les v.a. A_∞ , qui ne dépend que de la fonction r.

b) Considérons maintenant une surmartingale $(X_s)_{0 \leq s \leq t}$, positive et appartenant à la classe (D). Prenons une subdivision $0 = t_0 < t_1 \ldots < t_{n-1} < t_n = t$ de l'intervalle [0,t], et appliquons le résultat précédent à la surmartingale $(X_0, X_{t_1}, \ldots, X_{t_n})$, dont le module d'intégrabilité est au plus égal à celui de toute la surmartingale X. La variable aléatoire A_∞ correspondante vaut alors

$$(X_0 - \underset{\sim}{E}[X_{t_1} | \underline{\underline{F}}_0]) + \ldots . + (X_{t_{n-1}} - \underset{\sim}{E}[X_t | \underline{\underline{F}}_{t_{n-1}}]) .$$

Les majorations que nous avons faites montrent que <u>toutes les variables de cette forme, relatives à toutes les subdivisions de</u> [0,t], <u>sont uniformément intégrables</u>.

Dans la suite , nous emploierons l'expression " lorsque la subdivision $(t_0, \ldots, t_n)$ devient arbitrairement fine " , pour parler de la convergence suivant l'ensemble filtrant des subdivisions de [0,t].

3. Convergence vers le processus croissant < M,M >.

Le lemme suivant (dû à Mlle DOLÉANS) améliore un résultat de la première rédaction de cet exposé.

LEMME 1.- <u>Soit</u> $(A_s)_{s \leq t}$ <u>un processus croissant intégrable continu</u> . <u>Pour toute subdivision</u> $S = (t_0, t_1, \ldots, t_n)$ <u>de</u> [0,t], <u>posons</u>

$$A_t^S = \underset{\sim}{E}[A_{t_1} | \underline{\underline{F}}_0] + \underset{\sim}{E}[A_{t_2} - A_{t_1} | \underline{\underline{F}}_{t_1}] + \ldots + \underset{\sim}{E}[A_t - A_{t_{n-1}} | \underline{\underline{F}}_{t_{n-1}}]$$

$$= \underset{\sim}{E}[X_0 - X_{t_1} | \underline{\underline{F}}_0] + \ldots + \underset{\sim}{E}[X_{t_{n-1}} - X_t | \underline{\underline{F}}_{t_{n-1}}]$$

où (X_t) désigne une surmartingale telle que X+A soit une martingale. Alors $A_t^S \to A_t$ dans L^1, lorsque les subdivisions deviennent arbitrairement fines.(*)

DÉMONSTRATION.- Nous commencerons par supposer que $A_t \in L^2$. On a alors

$$\underset{\sim}{E}[(A_t-A_t^S)^2] = \underset{\sim}{E}[(\sum (A_{t_{i+1}}-A_{t_i}) - \sum \underset{\sim}{E}[A_{t_{i+1}}-A_{t_i}|\underline{\underline{F}}_{t_i}])^2]$$

$$= \underset{\sim}{E}[\sum ((A_{t_{i+1}}-A_{t_i})-\underset{\sim}{E}[A_{t_{i+1}}-A_{t_i}|\underline{\underline{F}}_{t_i}])^2]$$

$$\leq 2\underset{\sim}{E}[\sum(A_{t_{i+1}}-A_{t_i})^2] + 2\underset{\sim}{E}[\sum(\underset{\sim}{E}[A_{t_{i+1}}-A_{t_i}|\underline{\underline{F}}_{t_i}]^2)]$$

$$\leq 4\underset{\sim}{E}[\sum(A_{t_{i+1}}-A_{t_i})^2] \quad (\text{ inégalité de Jensen})$$

$$\leq 4\underset{\sim}{E}[A_t \cdot \sup_i (A_{t_{i+1}}-A_{t_i})]$$

et cela tend vers 0, d'après le théorème de Lebesgue et la continuité (uniforme) des trajectoires de A. Passons au cas général : posons

$$B_s = A_s \wedge n \quad , \quad C_s = A_s - B_s$$

B et C sont deux processus croissants intégrables continus, B_t (borné) appartient à L^2, et on a $A_t^S = B_t^S + C_t^S$; donc

$$\underset{\sim}{E}[|A_t-A_t^S|] \leq \underset{\sim}{E}[|B_t-B_t^S|] + \underset{\sim}{E}[C_t] + \underset{\sim}{E}[C_t^S]$$

Comme $\underset{\sim}{E}[C_t^S]=\underset{\sim}{E}[C_t]$, les deux derniers termes peuvent être rendus $<\varepsilon$ par un choix convenable de n, après quoi on peut rendre le premier terme $<\varepsilon$ en prenant S assez fine, ce qui établit le lemme.

Revenons maintenant à la situation des martingales de carré intégrables : M désignant une telle martingale, prenons pour X la surmartingale $(-M_s^2)$, pour A le processus croissant $<M,M>$, et appliquons l'énoncé précédent. Il vient

THÉORÈME 1.- Soit $M \in \underline{\underline{M}}$. La somme

$$(1) \qquad \sum_{i=0}^{n-1} \underset{\sim}{E}[(M_{t_{i+1}}-M_{t_i})^2 | \underline{\underline{F}}_{t_i}]$$

converge vers $< M,M >_t$ dans L^1, lorsque la subdivision $(t_0,\dots,t_n)$ de $[0,t]$ devient arbitrairement fine.

(*) L'énoncé vaut aussi pour un processus croissant A naturel (non nécessairement continu) à condition de remplacer la convergence forte de L^1 par la convergence faible. Ce résultat est dû aussi à Mlle DOLÉANS.

4. Convergence vers le processus croissant $[M,M]$

THÉORÈME 2.- *Soit $M \in \underline{\underline{M}}$. Les sommes*

$$(2) \qquad \sum_{i=0}^{n-1} (M_{t_{i+1}} - M_{t_i})^2$$

convergent vers $[M,M]_t$ dans L^1, lorsque les subdivisions $(t_0,\dots,t_n)$ de $[0,t]$ deviennent arbitrairement fines.

DÉMONSTRATION.-a) Nous allons montrer d'abord que toutes les variables aléatoires (2) relatives à toutes les subdivisions de $[0,t]$ sont uniformément intégrables.

Considérons la surmartingale positive $(Y_0,Y_1,\dots,Y_{n+1})$, par rapport à la famille de tribus $\underline{\underline{G}}_0=\underline{\underline{F}}_0,\dots,\underline{\underline{G}}_n=\underline{\underline{G}}_{n+1}=\underline{\underline{F}}_{t_n}$, définie par

$$Y_0 = E[M_t^2|\underline{\underline{F}}_0]$$
$$Y_1 = E[M_t^2|\underline{\underline{F}}_{t_1}] - M_{t_1}^2 + (M_{t_1}-M_0)^2$$
$$Y_2 = E[M_t^2|\underline{\underline{F}}_{t_2}] - M_{t_2}^2 + (M_{t_2}-M_{t_1})^2$$
$$\dots$$
$$Y_n = E[M_t^2|\underline{\underline{F}}_{t_n}] - M_{t_n}^2 + (M_t-M_{t_{n-1}})^2 = (M_t - M_{t_{n-1}})^2$$
$$Y_{n+1} = 0$$

La fonction Y_i est majorée par $E[M_t^2|\underline{\underline{F}}_{t_i}] + 4.\sup_s M_s^2$; comme ce dernier processus appartient à la classe (D), il résulte du n°2 que les variables aléatoires A_∞ associées aux surmartingales Y_i, pour les diverses subdivisions de $[0,t]$, sont uniformément intégrables. Or on vérifie aussitôt que A_∞ est précisément la variable aléatoire (2). En effet

$$A_0=0 \;;\; A_1 = Y_0 - E[Y_1|\underline{\underline{F}}_0] = M_0^2 \;;\; A_2 = A_1 + (Y_1 - E[Y_2|\underline{\underline{F}}_{t_1}])$$
$$= M_0^2 + (M_{t_1}-M_0)^2 \text{ , etc ... jusqu'à } A_{n+1}=A_\infty .$$

b) Nous allons étudier maintenant le cas où M est une martingale continue ; dans ce cas, $[M,M] = \langle M,M\rangle$; nous désignerons par A ce processus. Comme les variables aléatoires (2) sont uniformément intégrables d'après a), il suffira d'établir la convergence en probabilité . Désignons par T le temps d'arrêt

$$\inf\{s \leq t : M_s \geq n \text{ ou } A_s \geq n\}$$

ou t s'il n'existe pas de tel $s \leqq t$. Désignons par M' la martingale (bornée du fait que M est continue) obtenue en arrêtant M à l'instant T, par A' le processus croissant (borné) obtenu en arrêtant de même A ; on a $\langle M',M'\rangle = A'$. D'autre part, la somme (2) relative à M' est égale à la somme relative à M, et $A_t = A'_t$, sur l'ensemble $\{T \geqq t\}$. Comme cet ensemble a une probabilité très voisine de 1 si n est assez grand, il suffira d'établir la convergence en probabilité dans le cas où M <u>et</u> A <u>sont bornés sur</u> [0,t]. Nous avons alors, en désignant par S la somme (2) :

$$\mathbb{E}[(S-A_t)^2] = \mathbb{E}[(\sum\{(M_{t_{i+1}}-M_{t_i})^2-(A_{t_{i+1}}-A_{t_i})\})^2]$$

$$= \mathbb{E}[\sum\{(M_{t_{i+1}}-M_{t_i})^2-(A_{t_{i+1}}-A_{t_i})\}^2]$$

car tous les autres termes du développement de $\sum^2$ ont une espérance nulle. En poursuivant :

$$\mathbb{E}[(S-A_t)^2] \leqq 2\mathbb{E}[\sum (M_{t_{i+1}}-M_{t_i})^4] + 2\mathbb{E}[\sum(A_{t_{i+1}}-A_{t_i})^2] ;$$

le premier terme est majoré par $2\mathbb{E}[(\sum(M_{t_{i+1}}-M_{t_i})^2).\sup_i (M_{t_{i+1}}-M_{t_i})^2]$. Lorsqu'on fait varier la subdivision, le second facteur tend vers 0 en restant borné, d'après la continuité uniforme des trajectoires de M sur [0,t], tandis que le premier facteur reste uniformément intégrable d'après a) : l'espérance du premier terme tend donc vers 0. De même, lorsque les subdivisions deviennent arbitrairement fines, l'espérance du second terme, majorée par $\mathbb{E}[A_t.\sup_i (A_{t_{i+1}}-A_{t_i})]$, tend vers 0. Le cas b) est donc achevé.

c) Passons maintenant au cas général : nous poserons M=P+Q+R, où P est continue, où Q est la somme des n premiers termes de la décomposition (th.6) de la somme compensée des sauts de M, et où R est le reste de la somme compensée des sauts. Nous poserons aussi N=P+Q. Nous avons :

$$\mathbb{E}[\sum (R_{t_{i+1}}-R_{t_i})^2] = \mathbb{E}[(R_t-R_0)^2]$$

qui est arbitrairement petit, si n est choisi assez grand. De même, la contribution de R dans les doubles produits est majorée par

$$\mathbb{E}[|\sum(N_{t_{i+1}}-N_{t_i})(R_{t_{i+1}}-R_{t_i})|] \leqq \mathbb{E}[(\sum(N_{t_{i+1}}-N_{t_i})^2)^{\frac{1}{2}}(\sum(R_{t_{i+1}}-R_{t_i})^2)^{\frac{1}{2}}]$$

$$\leq (E[\sum (N_{t_{i+1}} - N_{t_i})^2])^{1/2} (E[\sum (R_{t_{i+1}} - R_{t_i})^2])^{1/2}$$

qui est arbitrairement petit , si n est choisi assez grand. Il suffit donc de traiter le cas où R=0, i.e. où il y a au plus n sauts dans la somme compensée. La contribution des termes carrés dans P est traitée en b) ; la contribution des carrés dans Q se traite facilement : les $\sum (Q_{t_{i+1}} - Q_{t_i})^2$ sont uniformément intégrables, et tendent simplement vers $\sum_{s \leq t} \Delta Q_s^2$ (noter que les trajectoires de Q sont à variation bornée). Reste enfin à étudier la somme $\sum (P_{t_{i+1}} - P_{t_i})(Q_{t_{i+1}} - Q_{t_i})$: ces variables aléatoires sont uniformément intégrables d'après a), et tendent simplement vers 0 (soit $V=\{Q\}$ la " valeur absolue" de Q : cette somme est majorée par $(\sup_i |P_{t_{i+1}} - P_{t_i}|).V_t$, et le premier facteur tend vers 0 d'après la continuité uniforme des trajectoires de P.

BIBLIOGRAPHIE .

[1] Ph. COURRÈGE.- Intégrales stochastiques et martingales de carré intégrable. Séminaire Brelot-Choquet-Deny (théorie du potentiel) 7e année, 1962-63, exposé 7, 20 pages.

[2] H. KUNITA et S. WATANABE.- On square integral martingales. Article à paraître.

[3] P.A.MEYER.- Probabilités et Potentiels. Blaisdell Publ. Co, Boston ; Hermann, Paris, 1966.

[4] M. MOTOO et S.WATANABE.- On a class of additive functionals of Markov processes. Journal of Maths Kyoto University, 1965, p.429-469.

[5] S.WATANABE.- On discontinuous additive functionals and Lévy measure of a Markov process. Japanese J. of M., 34, 1964, p. 53-79.

Université de Strasbourg
1966-67

Séminaire de Probabilités
11/12 Janvier 1967

INTÉGRALES STOCHASTIQUES II

Nous avons introduit les intégrales stochastiques dans le premier exposé ; nous allons exposer maintenant diverses généralisations de ces intégrales, des procédés de calcul, après quoi nous donnerons une forme générale de la "formule de changement de variables".

Nous conservons les notations de l'exposé I : en particulier, les " processus" considérés sont tous supposés adaptés à la famille ($\underline{\underline{F}}_t$). Soulignons que les processus appartenant à $\underline{\underline{M}}$ ou à $\underline{\underline{A}}$ sont supposés nuls à l'instant 0.

Les intégrales stochastiques par rapport à une martingale qui n'est pas de carré intégrable ont été étudiées récemment par P.W. MILLAR. La méthode de MILLAR repose essentiellement sur un " passage du discret au continu", à partir de résultats de BURKHOLDER sur les martingales discrètes (voir réf. à la fin de l'exposé).

I. MARTINGALES LOCALES ; EXTENSION DE L'INTÉGRATION STOCHASTIQUE AUX MARTINGALES LOCALES.

DÉFINITION.- Un processus M (à valeurs réelles finies), continu à droite, est une martingale locale s'il existe une suite croissante (T_n) de temps d'arrêt , telle que $\lim_n T_n = +\infty$ et que les processus $(M_{t\wedge T_n})$ soient des martingales uniformément intégrables.

Par exemple, toute martingale est une martingale locale (prendre $T_n = n$). Si l'on peut de plus choisir les T_n de façon que les martingales $(M_{t\wedge T_n})$ satisfassent à $\sup_t \underset{\sim}{E}[M^2_{t\wedge T_n}] < \infty$, nous dirons que M est localement de carré intégrable . Par exemple, toute martingale de carré intégrable est localement de carré intégrable (prendre encore $T_n = n$). Nous désignerons par $\underline{\underline{L}}$ l'ensemble des martingales locales nulles pour t=0, par $\underline{\underline{M}}_{loc}$ celui des martingales locales, localement de carré intégrable, nulles pour t=0.

Voici quelques propriétés simples des martingales locales. Pour simplifier le langage, nous dirons que le temps d'arrêt T réduit le processus continu à droite M si le processus $(M_{t\wedge T})$ est une martingale uniformément intégrable.

PROPOSITION 1.- a) Si T réduit M, tout temps d'arrêt $S\leq T$ réduit M. La somme de deux martingales locales est une martingale locale. Si M est une martingale locale, et si T est un temps d'arrêt, le processus $(M_{t\wedge T})$ est une martingale locale.

b) Si deux temps d'arrêt S et T réduisent M, $S\vee T$ réduit M.

c) Soit M un processus continu à droite. S'il existe une suite croissante (S_n) de temps d'arrêt, telle que $\lim_n S_n = \infty$ et que les processus $(M_{t\wedge S_n})$ soient des martingales locales , alors M est une martingale locale.

DÉMONSTRATION.- a) est une application immédiate du théorème d'arrêt de DOOB. Pour établir b), posons $R=S\vee T$ et remarquons d'abord que l'on a $|M_{t\wedge R}| \leq |M_{t\wedge S}|+|M_{t\wedge T}|$, de sorte que les variables aléatoires $M_{t\wedge R}$ sont uniformément intégrables. Nous allons traiter ici le cas où S et T sont finis ; pour passer au cas général, on appliquera cela aux temps d'arrêt $S\wedge n$, $T\wedge n$, et on fera tendre n vers $+\infty$. Tout revient donc à montrer que

(1) $$E[M_R I_{\{R>t\}} \mid \underline{\underline{F}}_t] = M_t I_{\{R>t\}}$$

Or nous avons

(2) $$E[M_R I_{\{R>t\}} \mid \underline{\underline{F}}_t] = E[M_S I_{\{S>T\vee t\}} \mid \underline{\underline{F}}_t] + E[M_T I_{\{T>t,T\geq S\}} \mid \underline{\underline{F}}_t] .$$

Soit (Y_s) la martingale uniformément intégrable $(M_{s\wedge S})$; l'événement $\{S>T\vee t\}$ appartenant à $\underline{\underline{F}}_{T\vee t}$, la première espérance conditionnelle au second membre s'écrit

$$E[Y_\infty I_{\{S>T\vee t\}} \mid \underline{\underline{F}}_t] = E[\ldots \mid \underline{\underline{F}}_{T\vee t} \mid \underline{\underline{F}}_t] = E[Y_{T\vee t} I_{\{S>T\vee t\}} \mid \underline{\underline{F}}_t]$$

et le premier membre de (2) s'écrit donc

$$E[M_{S\wedge(T\vee t)} I_{\{S>T\vee t\}} \mid \underline{\underline{F}}_t] + E[M_T I_{\{T>t,T\geq S\}} \mid \underline{\underline{F}}_t] =$$

$$E[M_{T\vee t} I_{\{S>T\vee t\}} + M_T I_{\{T>t,T\geq S\}} \mid \underline{\underline{F}}_t] =$$

$$E[M_T I_{\{T>t\}} + M_t I_{\{S>t,T\leq t\}} \mid \underline{\underline{F}}_t]$$

Cette dernière expression s'écrit aussi, en désignant par (Z_s) la martingale uniformément intégrable $(M_{s\wedge T})$

$$\underset{\sim}{E}[Z_\infty I_{\{T>t\}}|\underline{\underline{F}}_t] + M_t I_{\{S>t,T\leq t\}} = Z_t I_{\{T>t\}} + M_t I_{\{S>t,T\leq t\}}$$

$$= M_t I_{\{T>t\}\cup\{T\leq t,S>t\}} = M_t I_{\{S\vee T>t\}}$$

La formule (1) est donc établie . Passons à c) : pour chaque n, soit $(T_{nm})_{m\in\underset{\sim}{N}}$ une suite croissante de temps d'arrêt réduisant le processus $(X_{t\wedge S_n})$, qui converge vers $+\infty$; rangeons tous les temps d'arrêt T_{nm} en une seule suite (H_n), et posons $T'_n = H_1\vee H_2\ldots\vee H_n$; ces temps d'arrêt tendent en croissant vers $+\infty$, et réduisent X d'après b), d'où le résultat.

REMARQUE.- Soit M une martingale locale : on peut montrer qu'un temps d'arrêt T réduit M si et seulement si le processus $(M_{t\wedge T})$ appartient à la classe (D)

DÉFINITION.- Nous désignerons par $\underline{\underline{V}}$ l'ensemble des processus nuls pour t=0, continus à droite, dont les trajectoires sont à variation bornée sur tout intervalle borné. Si $A\in\underline{\underline{V}}$, nous noterons $|A|$ le processus défini par $|A_t| = \int_0^t |dA_s|$; évidemment $|A|\in\underline{\underline{V}}$. Nous désignerons par $\underline{\underline{A}}_{loc}$ l'ensemble des éléments A de $\underline{\underline{V}}$ tels qu'il existe une suite croissante (T_n) de temps d'arrêt satisfaisant aux conditions $\lim_n T_n=+\infty$, $\underset{\sim}{E}[|A|_{T_n}] <+\infty$.

On a évidemment $\underline{\underline{V}}^c\subset \underline{\underline{A}}_{loc}$, $\underline{\underline{L}}^c\subset \underline{\underline{M}}_{loc}$ (*) : par exemple, si $A\in\underline{\underline{V}}^c$, les temps d'arrêt $T_n = \inf\{t : |A_t|\geq n\}$ satisfont à la définition ci-dessus.

Un élément A de $\underline{\underline{V}}$ sera dit naturel si $\Delta A_T=0$ pour tout temps d'arrêt totalement inaccessible T, et retors si les temps d'arrêt S_{mn} qui portent les discontinuités de A (exposé I, p.4) sont totalement inaccessibles : A est à la fois naturel et retors si et seulement s'il est continu. Un processus naturel $A\in\underline{\underline{V}}$ ne peut appartenir à $\underline{\underline{L}}$ que s'il est nul (noter d'abord que A est naturel et retors(**) donc continu, et donc appartient à $\underline{\underline{A}}_{loc}$; on introduit alors des temps d'arrêt $T_n\to+\infty$ tels que le processus $(A_{t\wedge T_n})$ appartienne à $\underline{\underline{M}}\cap\underline{\underline{A}}^n$, donc soit nul). On montre sans

---

(*) Comme dans le premier exposé, le ^{c} sert à désigner les processus à trajectoires continues.

(**) Les discontinuités de $A\in\underline{\underline{L}}$ sont portées par des temps d'arrêt totalement inaccessibles.

peine que tout $A \in \underline{\underline{A}}_{loc}$ est associé à un processus naturel $\tilde{A} \in \underline{\underline{A}}_{loc}$, unique (i.e., le processus $A-\tilde{A}$ est une martingale locale).

L'intérêt des martingales locales vient surtout du théorème suivant, dû à ITO et WATANABE : toute surmartingale positive continue à droite X se met de manière unique sous la forme $X = M-A$, où M est une martingale locale, et A un processus croissant naturel appartenant à $\underline{\underline{A}}^{+}_{loc}$ (cf. Ann.Inst. Fourier, t.15,1965).

Intégrales stochastiques par rapport à $M \in \underline{\underline{M}}_{loc}$

Soit $M \in \underline{\underline{M}}_{loc}$, et soient S et T deux temps d'arrêt tels que $S \leq T$, et que les martingales $M'_t = M_{t\wedge S}$, $M''_t = M_{t\wedge T}$ soient telles que $\sup_t \underset{\sim}{E}[M'^2_t]$, $\sup_t \underset{\sim}{E}[M''^2_t]$ soient finis. Le processus $M''^2 - \langle M'', M''\rangle$ est une martingale uniformément intégrable ; en l'arrêtant à l'instant S, on voit que le processus $(M'^2_t - \langle M'', M''\rangle_{t\wedge S})$ est une martingale ; il résulte alors du théorème d'unicité de la décomposition de DOOB que $\langle M', M'\rangle_t = \langle M'', M''\rangle_{t\wedge S}$. En utilisant alors des temps d'arrêt T_n, croissant vers $+\infty$, et satisfaisant aux propriétés de T ci-dessus, on établit l'existence d'un processus croissant continu unique $\langle M,M\rangle$, tel que $M^2 - \langle M,M\rangle$ soit une martingale locale. On définit alors $\langle M,N\rangle$ pour $N \in \underline{\underline{M}}_{loc}$, comme dans l'exposé I.

Considérons maintenant un processus très-bien-mesurable Y tel que l'on ait, pour tout t

$$\int_0^t Y_s^2 \, d\langle M,M\rangle_s < +\infty$$

Désignons par S_n le temps d'arrêt , inf des deux temps d'arrêt T_n (ci-dessus) et $\inf \{t : \int_0^t Y_s^2 \, d\langle M,M\rangle_s \geq n\}$. Soit M^n la martingale obtenue en arrêtant M à l'instant S_n ; elle appartient à $\underline{\underline{M}}$, et on a $Y \in L^2(M^n)$; on peut donc définir l'intégrale stochastique $Y.M^n$: on vérifie ensuite facilement que $(Y.M^n)_t = (Y.M^{n+1})_{t\wedge S_n}$. Il en résulte qu'il existe un processus (noté Y.M) appartenant à $\underline{\underline{M}}_{loc}$, tel que $(Y.M^n)_t = (Y.M)_{t\wedge S_n}$ pour tout n. Nous dirons que Y.M est l'intégrale stochastique de Y par rapport à M. Dans le cas où $M \in \underline{\underline{M}}$, cette définition coïncide avec celle des intégrales stochastiques " en probabilité" , introduites par ITO et COURRÈGE [1](*). Comme dans le cas où $M \in \underline{\underline{M}}$, Y.M est caractérisé

(*) Voir la bibliographie à la fin de l'exposé I.

par la relation $<Y.M,N> = Y.<M,N>$ ($N \in \underline{\underline{M}}_{loc}$)

<u>Intégrales stochastiques par rapport à une martingale locale.</u>
Lorsque M est une martingale locale qui n'appartient pas à $\underline{\underline{M}}_{loc}$,(*)
on ne peut pas utiliser le processus croissant $<M,M>$ (il n'est pas à valeurs finies), mais nous allons voir en revanche que le processus $[M,M]$ est encore utilisable.

PROPOSITION 2.- <u>Soit $M \in \underline{\underline{L}}$ une martingale locale. Il existe une suite (R_n) de temps d'arrêt, qui tend en croissant vers $+\infty$, telle que les propriétés suivantes soient satisfaites pour chaque n</u>

a) <u>La martingale N^n obtenue en arrêtant M à l'instant R_n est uniformément intégrable.</u>

b) <u>N^n est de la forme $H^n+(Z^n-\tilde{Z}^n)$, où H^n est une martingale arrêtée à l'instant R_n, continue à l'instant R_n, telle que $\sup_t |H^n_t|$ appartienne à tout $L^p (p<\infty)$; où $Z^n \in \underline{\underline{A}}$ est le processus retors $Z^n_t = \Delta M_{R_n} I_{\{t \geq R_n\}}$, où $\tilde{Z}^n \in \underline{\underline{A}}$ est continu, et où le processus $H^n-\tilde{Z}^n$ est borné.</u>

DÉMONSTRATION.- Nous commençons par choisir une suite croissante (T_n) de temps d'arrêt **croissant vers $+\infty$, finis, tels que les processus** $(M_{t\wedge T_n})$ soient des martingales uniformément intégrables. Désignons par (J^n_t) une version continue à droite de la martingale $(\underset{\sim}{E}[|M_{T_n}| \,|\, \underline{\underline{F}}_t]$, et par S_n le temps d'arrêt

$$S_n = (\inf \{t : J^n_t \geq p_n \}) \wedge T_n$$

où p_n est choisi assez grand pour que $\underset{\sim}{P}\{S_n < T_n - \frac{1}{n}\} \leq 2^{-n}$: d'après le lemme de Borel-Cantelli, $S_n \to +\infty$ p.s., et S_n réduit M d'après la proposition 1. Posons ensuite $R_n = \inf_{k \geq n} S_k$: R_n tend p.s. vers $+\infty$ en croissant, et réduit M . D'autre part, la martingale $(\underset{\sim}{E}[|M_{R_n}| \,|\, \underline{\underline{F}}_t])$ est majorée par la martingale $(\underset{\sim}{E}[|M_{T_n}| \,|\, \underline{\underline{F}}_t])$, car $|M_{R_n}| \leq \underset{\sim}{E}[|M_{T_n}| \,|\, \underline{\underline{F}}_{R_n}]$ du fait que $R_n \leq T_n$; la première martingale est donc majorée par p_n sur $[0,R_n[$. Nous allons voir que les

---

(*) Je n'ai pas d'exemples de cette situation, mais je pense que c'est plutôt la règle que l'exception !

R_n ainsi construits répondent à la question.

Plus généralement, considérons un temps d'arrêt fini R possédant les propriétés suivantes : R réduit M, et la martingale $(\underset{\sim}{E}[|M_R||\underline{\underline{F}}_t])$ est bornée sur $[0,R[$ par une constante K. Désignons alors par N (resp. N^+,N^-) la martingale $(\underset{\sim}{E}[M_R|\underline{\underline{F}}_t])$ (resp. M_R^+,M_R^-), par Z (resp. Z^+,Z^-) le processus $(\Delta N_R I_{\{t\geq R\}})$ (resp. ΔN_R^+ - le saut de N^+ en R - , ΔN_R^-) , et enfin par H la martingale $N-(Z-\tilde{Z})$.

Raisonnons par exemple sur N^+ : le processus $Y_t= N_t^+I_{\{t<R\}}$ + $N_t^+I_{\{t\geq R,\ \Delta N_R^+=0\}}$ est une surmartingale positive bornée, puisque N^+ est arrêtée à R, bornée sur $[0,R[$, et qu'on a modifié après R les trajectoires qui sautaient à cet instant en leur donnant la valeur 0. Soit J le processus croissant intégrable $J_t= N_R^+I_{\{t\geq R,\ \Delta N_R^+\neq 0\}}$; on a $Y=N^+-J$, de sorte que Y admet la décomposition de DOOB $Y=(N^+-J+\tilde{J}) - \tilde{J}$; mais on sait ([3], chap.VII, n°59) que dans la décomposition de DOOB d'une surmartingale positive bornée, le processus croissant et la martiongale sont majorés par une variable aléatoire qui appartient à tout L^p ($p<\infty$) . En particulier, on a $\tilde{J}_\infty \in L^p$. Soit k une constante qui majore N^+ sur $[0,R[$; on voit de même que si K est le processus croissant retors $K_t= k.I_{\{t\geq R,\ \Delta N_R^+\neq 0\}}$, $\tilde{K}_\infty$ appartient à tout L^p (p fini). Or $|\Delta N_R^+| \leq (N_R^++k)I_{\{\Delta N_R^+\neq 0\}}$, donc $\int_0^\infty |d\tilde{Z}_s^+| \leq \tilde{J}_\infty + \tilde{K}_\infty$ appartient à tout L^p ($p<\infty$). On a le même résultat en remplaçant + par -, et donc finalement aussi $\int_0^\infty |d\tilde{Z}_s| \in L^p$.

Ecrivons maintenant que $N=H+\tilde{Z}$; sur $[0,R[$, on a $H=N+\tilde{Z}$. Or N est bornée sur $[0,R[$, et $\sup_s |\tilde{Z}_s| \in L^p$, donc $\sup_{s<R} |H_s| \in L^p$, et on peut remplacer $s<R$ par $s<\infty$, car H est arrêtée à l'instant R, et continue à cet instant.

Enfin, $H-\tilde{Z}$ est bornée sur $[0,R[$, continue à l'instant R, arrêtée à R, donc bornée sur toute la demi-droite, et cela achève la démonstration.

Nous allons déduire de cette proposition un premier résultat sur les martingales locales . Voici d'abord une définition.

DEFINITION.- On dit que $M \in \underline{\underline{L}}$ est une somme compensée de sauts si le processus MN est une martingale locale pour toute martingale locale continue $N^{(*)}$.

Nous dirons que deux éléments M et N de $\underline{\underline{L}}$ sont orthogonaux si leur produit MN est une martingale locale. Lorsque M et N appartiennent à $\underline{\underline{M}}$, il est facile de vérifier que l'on retrouve ainsi la définition de l'exposé I. Nous désignerons par $\underline{\underline{L}}^c$ l'ensemble des martingales locales continues, nulles pour t=0 ($\underline{\underline{L}}^c = \underline{\underline{M}}^c_{loc}$) , et par $\underline{\underline{L}}^d$ l'ensemble des sommes compensées de sauts : il est facile de voir que $\underline{\underline{L}}^c \cap \underline{\underline{L}}^d = \{0\}$.

PROPOSITION 3.-a) Toute martingale locale $M \in \underline{\underline{L}}$ se décompose de manière unique en une somme d'une martingale locale continue M^c, et d'une somme compensée de sauts $M^d \in \underline{\underline{L}}^d$.

b) Si M est une somme compensée de sauts, M est orthogonale à toute martingale bornée n'ayant pas de saut commun avec M.

c) Soit M une somme compensée de sauts, et soit T un temps d'arrêt ; la martingale locale $(M_{t \wedge T})$ est alors une somme compensée de sauts.

d) Pour que $M \in \underline{\underline{L}}$ soit une somme compensée de sauts, il faut et il suffit que les martingales H^n de la prop.2 soient des sommes compensées de sauts , au sens de l'exposé I.

DÉMONSTRATION.- Nous nous bornerons à établir (de manière assez schématique) a) et d), et nous laisserons b) et c) au lecteur, comme des conséquences faciles. Reprenons les notations de la prop.2 : on décompose la martingale H^n (qui appartient à $\underline{\underline{M}}$) en sa partie continue H^{nc}, et sa partie discontinue (somme compensée de sauts) H^{nd}, et on écrit :

$$N^n = H^{nc} + (H^{nd} + \overset{c}{Z}{}^n)$$

H^{nd} et $\overset{c}{Z}{}^n$ sont des martingales uniformément intégrables, sans discontinuités communes, orthogonales à toute martingale continue bornée, et plus généralement à toute martingale bornée sans discontinuité commune avec M. Posons $N^{nc} = H^{nc}$, $N^{nd} = H^{nd} + \overset{c}{Z}{}^n$.

(*) Il est aisé de vérifier qu'il suffit de supposer cela pour toute martingale continue bornée.

On montre alors sans aucune peine l'existence de deux martingales locales M^c et M^d, telles qu'on ait pour tout n

$$N_t^{nc} = M^c_{t\wedge R_n} \ , \quad N_t^{nd} = M^d_{t\wedge R_n} \ ,$$

Alors M^c et M^d satisfont aux conditions de l'énoncé.

Nous passons maintenant à la définition du processus croissant $[M,M]$ pour une martingale locale M quelconque.

PROPOSITION 4.- <u>Soit</u> $M\in\underline{\underline{L}}$, <u>admettant la décomposition</u> $M=M^c+M^d$ (prop.3) ; <u>on pose</u>

$$[\,M,M\,]_t = \ <M^c,M^c>_t + \sum_{s\leq t}\Delta M_s^2$$

<u>Le processus croissant</u> $[M,M]$ <u>appartient alors à</u> $\underline{\underline{V}}^+$ (<u>autrement dit, on a p.s.</u> $[M,M]_t<\infty$ <u>pour tout</u> t), <u>et le processus</u> $M^2-[M,M]$ <u>est une martingale locale</u>.

DÉMONSTRATION.- Reprenons les notations de la prop.2 ; on a évidemment pour tout t

$$[M,M]_{t\wedge R_n} = [N^n,N^n]_{t\wedge R_n} = [H^n,H^n]_{t\wedge R_n} + \Delta M^2_{R_n} I_{\{t\geq R_n\}} < +\infty$$

puisque la martingale H^n appartient à $\underline{\underline{M}}$. Le second point est plus délicat . Il suffira de montrer que $(N^n)^2-[N^n,N^n]$ est une martingale uniformément intégrable pour tout n . Nous omettrons partout n dans la suite de la démonstration.

Nous avons $N=H+Z-\tilde{Z} = H+\overset{c}{Z}$, donc (pour $t\leq\infty$)

$$N_t = H_t - \tilde{Z}_t \ + \Delta N_R I_{\{t\geq R\}}$$

donc

$$N_t^2 = (H_t - \tilde{Z}_t)^2 + 2(H_t-\tilde{Z}_t)\Delta N_R I_{\{t\geq R\}} + \Delta N_R^2 I_{\{t\geq R\}}$$

d'autre part, $[N,N]_t = [H,H]_t + \Delta N_R^2 I_{\{t\geq R\}}$. Comme $H-\tilde{Z}$ est borné en valeur absolue par une constante k, comme ΔN_R et $[H,H]_t$ sont intégrables, la variable aléatoire $|N_t^2-[N,N]_t| \leq k^2 + 2k|\Delta N_R|$ est intégrable. On a d'autre part

$$N_t^2-[N,N]_t = (H_t^2-[H,H]_t) + (\tilde{Z}_t^2 - 2H_t\tilde{Z}_t + 2(H_t-\tilde{Z}_t)\Delta N_R I_{\{t\geq R\}}) \ .$$

Le processus $H^2-[H,H]$ étant une martingale uniformément intégrable, il suffit de montrer que la seconde parenthèse en est une aussi. Ecrivons la

$$(1)\qquad \tilde{Z}_t^2 - 2H_t\tilde{Z}_t + 2\int_0^t (H_s-\tilde{Z}_s)dZ_s \,.$$

On peut remplacer $H_s-\tilde{Z}_s$ par $H_{s-}-\tilde{Z}_{s-}$, car H est continu à l'instant de l'unique saut de Z, et $\tilde{Z}$ est continu. Le processus très-bien-mesurable $U_s=H_{s-}-\tilde{Z}_{s-}$ étant borné, et Z et $\tilde{Z}$ étant associés, U.Z et U.$\tilde{Z}$ sont aussi associés (exposé I, prop.2) ; le processus (1) ne diffère donc du processus

$$(2)\quad \tilde{Z}_t^2-2H_t\tilde{Z}_t+2\int_0^t (H_{s-}-\tilde{Z}_{s-})d\tilde{Z}_s = \tilde{Z}_t^2-2H_t\tilde{Z}_t+2\int_0^t (H_s-\tilde{Z}_s)d\tilde{Z}_s$$

que par la martingale uniformément intégrable $U.(Z-\tilde{Z})$. Comme $\tilde{Z}$ est continu, on a $\tilde{Z}_t^2 = 2\int_0^t \tilde{Z}_s d\tilde{Z}_s$, et il reste simplement

$$(3)\qquad -2(H_t\tilde{Z}_t - \int_0^t H_s d\tilde{Z}_s)$$

Comme $\sup_s |H_s|$ et $\int_0^t |d\tilde{Z}_s|$ appartiennent à L^2, on peut appliquer le théorème 15 du chap.VII de [3], qui montre que (3) est bien une martingale (uniformément intégrable).

Nous allons esquisser maintenant la théorie des intégrales stochastiques par rapport à une martingale locale M∈$\underline{\underline{L}}$. Soit X un processus bien-mesurable ; pour simplifier, nous supposerons que X est <u>borné</u>. Reprenons les notations de la prop. 2 . Soit Y^n le processus

$$Y_t^n = X_{R_n}\Delta M_{R_n} I_{\{t\geq R_n\}} \quad ;$$

Y^n appartient à $\underline{\underline{A}}$, car M_{R_n} et M_{R_n-} sont intégrables. Posons

$$U^n = X.H^n + \overset{c}{Y^n} \quad ;$$

U^n est une martingale uniformément intégrable. D'autre part, on a $U^{n+1}_{t\wedge R_n} = U^n_t$ (ces deux martingales ont en effet la même partie continue et les mêmes sauts). Il en résulte aussitôt qu'il existe une martingale locale (notée X.M) unique, telle que $(X.M)_{t\wedge R_n} = U^n_t$. Nous dirons encore que X.M est l'intégrale stochastique de X par rapport à M.

Nous n'insisterons pas sur les propriétés de l'intégrale stochastique X.M qui vient d'être définie.

II.- FORMULES D'INTÉGRATION PAR PARTIES.

THÉORÈME 1.- Soit $M \in \underline{\underline{M}}$, et soit $V \in \underline{\underline{V}}$ (i.e., un processus continu à droite dont les trajectoires sont des fonctions à variation bornée) tel que $\underset{\sim}{E}[\int_0^t V_{s-}^2 d\langle M,M\rangle_s] < +\infty$ pour tout t. Le processus $(V_t M_t - \int_0^t M_s dV_s)$ est alors une martingale, égale à l'intégrale stochastique $(\int_0^t V_{s-} dM_s)$.

DÉMONSTRATION.- Remarquons d'abord (les trajectoires de M étant bornées sur tout intervalle borné) que $\int_0^t |M_s||dV_s|$ est fini pour tout t. Désignons par T_n le temps d'arrêt

$$\inf \{t : |V_t| \geq n \},$$

et par V^n le processus $(\int_0^t I_{[0,T_n[}(s)dV_s) \in \underline{\underline{V}}$, dont la valeur absolue $|V^n|$ est bornée par n. Supposons établi le théorème pour V^n : le processus $I^n = (\int_0^t V_{s-}^n dM_s)$ converge p.s. vers $I = (\int_0^t V_{s-} dM_s)$, car I^n et I coïncident jusqu'à l'instant T_n, et $T_n \to \infty$. D'autre part, $V_t^n M_t - \int_0^t M_s dV_s^n$ converge vers $V_t M_t - \int_0^t M_s dV_s$, d'où l'égalité annoncée.

Nous allons donc supposer maintenant que le processus $|V|$ est borné par une constante K. Nous allons démontrer le théorème en trois étapes.

a) M est de la forme $\overset{c}{A}$, avec $A \in \underline{\underline{A}}$; alors $\int_0^t V_{s-} dM_s$ est égale à l'intégrale de Stieltjes ordinaire(*) $\int_0^t V_{s-} d\overset{c}{A}_s$ par rapport à $\overset{c}{A} \in \underline{\underline{A}}$, et le théorème est la formule ordinaire d'intégration par parties ([3], chap.VII, th.22).

b) M est continue. L'intégrale $\int_0^t V_{s-} dM_s$ est limite en norme de

---

(*) Les deux intégrales coïncident en effet sur les processus "étagés" très-bien-mesurables, donc sur tous les processus très-bien-mesurables bornés

sommes de la forme $\sum V_{t_i}(M_{t_{i+1}}-M_{t_i})$, l'intégrale $\int_0^t M_s dV_s$ est limite p.s. des sommes $\sum M_{t_{i+1}}(V_{t_{i+1}}-V_{t_i})$. Il suffit alors de faire une " transformation d'Abel".

c) Passons au cas général. Il résulte de l'exposé I (th.6 p.12, et inégalité de DOOB, bas de la p.5) qu'il existe une suite de martingales M^n possédant les propriétés suivantes :

1) M^n est la somme d'une martingale continue et d'une martingale de la forme A^c, $A \in \underline{\underline{A}}$.

2) $M^n \in \underline{\underline{M}}$; $M^n \to M$ dans $\underline{\underline{M}}$ lorsque $n \to \infty$.

3) $\sup_{s \leq t} |M^n_s - M_s| \to 0$ p.s. lorsque $n \to \infty$.

Le théorème, vrai pour chacune des martingales M^n, se démontre alors pour M grâce à un passage à la limite.

REMARQUE.- Le théorème s'étend en réalité à $V \in \underline{\underline{V}}$ et $M \in \underline{\underline{L}}$ sans autre restriction, à condition de remplacer dans l'énoncé " martingale" par " martingale locale" . En effet, reprenons les notations de la prop.2, en choisissant de plus les temps d'arrêt R_n tels que chaque variable aléatoire $\{V\}_{R_n-}$ soit bornée. Appliquons alors le théorème précédent à $V^n = I_{[0,R_n]} \cdot V$ et à la martingale $H^n \in \underline{\underline{M}}$:

$$\int_0^{t\wedge R_n} V_{s-} dH^n_s = V_{t\wedge R_n} H^n_{t\wedge R_n} - \int_0^{t\wedge R_n} H^n_s dV_s$$

et d'autre part, d'après la formule habituelle d'intégration par parties

$$\int_0^{t\wedge R_n} V_{s-} d\overset{c}{Z}{}^n_s = V_{t\wedge R_n} \overset{c}{Z}{}^n_{t\wedge R_n} - \int_0^{t\wedge R_n} \overset{c}{Z}{}^n_s dV_s$$

Autrement dit, en ajoutant

$$\int_0^{t\wedge R_n} V_{s-} dM_s = V_{t\wedge R_n} M_{t\wedge R_n} - \int_0^{t\wedge R_n} M_s dV_s$$

Il ne reste plus qu'à noter que le premier membre est une martingale uniformément intégrable, et à faire tendre n vers $+\infty$.

Le théorème 1 est une forme particulière (un peu plus précise) de la formule générale du changement de variables qu'on verra au §III. Il en est de même du théorème 2 ci-dessous.

Voici une application facile du th.1, qui nous servira dans le prochain exposé : soit (X_t) un processus de HUNT, admettant un semi-groupe de transition (P_t), une résolvante (U_p), et soit g une fonction borélienne bornée qui appartient au domaine du générateur infinitésimal A . Posons $f=Ag$: f est bornée, et $g = U_p(pg-f)$ pour tout $p>0$. Le processus

$$M_t = g{\circ}X_t - g{\circ}X_0 - \int_0^t f{\circ}X_s ds$$

est une martingale bornée continue à droite. On a alors si $p>0$

$$\int_0^t e^{-ps}dM_s = e^{-pt}g{\circ}X_t - g{\circ}X_0 + \int_0^t (pg-f){\circ}X_s ds \ .$$

En effet, le premier membre vaut aussi, d'après le théorème 1

$$e^{-pt}M_t + \int_0^t pe^{-ps}M_s ds \ .$$

On transforme alors cette expression par des calculs très simples, mais fatigants à écrire.

THÉORÈME 2.- <u>Soient</u> M <u>et</u> N <u>deux éléments de</u> $\underline{\underline{L}}$; <u>on a</u>

$$\int_0^t M_{s-}dN_s + \int_0^t N_{s-}dM_s = M_tN_t - [M,N]_t$$

DÉMONSTRATION.- Nous ne ferons que l'esquisser. Nous pourrons nous limiter, par arrêt (à la manière de la prop.2) au cas où M et N sont uniformément intégrables, arrêtées à un temps d'arrêt R, bornées sur $[0,R[$. Il y a deux cas à distinguer :

a) M et N sont continues : il s'agit alors d'un cas particulier de la formule du changement de variables pour les martingales continues, que nous verrons plus loin.

b) M est une somme compensée de sauts . On se ramène alors au cas où M est de la forme $\overset{c}{A}$, avec $A\in\underline{\underline{A}}$, et $\int_0^t M_{s-}dN_s + [M,N]_t = \int_0^t M_s dN_s$ (intégrale de Stieltjes ordinaire sur les trajectoires). On retombe alors sur le th.1.

<u>Remarque</u>.- Lorsque M et N appartiennent à $\underline{\underline{M}}_{loc}$, on a aussi la formule d'intégration par parties

$$\int_0^t M_{s-}dN_s + \int_0^t N_s dM_s = M_tN_t - \langle M,N \rangle_t \ .$$

En effet, compte tenu du théorème 2, cette formule s'écrit

$$\int_0^t (N_s - N_{s-})dM_s = [M,N]_t - \langle M,N\rangle_t$$

Or soit $A \in \underline{\underline{A}}_{loc}$ le processus croissant $A_t = \sum_{s\leq t} \Delta M_s \Delta N_s$: les deux membres sont égaux à $\overset{c}{A}$.

III. SEMIMARTINGALES ET CHANGEMENT DE VARIABLES

La notion de semimartingale a été introduite par FISK(*) sous le nom de "quasimartingale" (le mot semimartingale signifiait "sousmartingale" dans le livre de DOOB, mais il n'est plus utilisé en ce sens).

DÉFINITION.- On dit qu'un processus continu à droite X est une semimartingale (resp. une semimartingale locale) si X peut s'écrire X=M+A, où M est une martingale et A appartient à $\underline{\underline{A}}$ (resp. où M est une martingale locale et A appartient à $\underline{\underline{A}}_{loc}$).

Remarque.- Dans cet ordre d'idées, il est intéressant d'introduire aussi la notion de semimartingale locale faible, obtenue en remplaçant $\underline{\underline{A}}_{loc}$ par $\underline{\underline{V}}$ ci-dessus. Par exemple, soit $M \in \underline{\underline{L}}$; nous avons vu que $[M,M] \in \underline{\underline{V}}$ et que $M^2-[M,M] \in \underline{\underline{L}}$, donc M^2 est une semimartingale locale faible , mais non pas une semimartingale locale, sans doute. Nous laisserons cependant cette notion de côté dans ce qui suit.

Soit X une semimartingale ; nous pouvons écrire $X_t = X_0 + M_t + A^r_t + A^n_t$, où M est une martingale nulle pour t=0, où $A^n \in \underline{\underline{A}}$ est naturel (c'est la somme de la partie continue et des sauts accessibles de A), et où $A^r \in \underline{\underline{A}}$ est purement discontinu et retors (c'est la somme des sauts totalement inaccessibles de A). Ecrivons alors $X = X_0 + (M + \overset{c}{A^r}) + (A^n + \widetilde{A}^r)$; nous voyons que X s'écrit (cette fois de manière unique) comme somme de X_0, d'une martingale nulle pour t=0, d'un élément naturel de $\underline{\underline{A}}$. On en déduit aussitôt, par arrêt, que toute surmartingale locale X se décompose uniquement en X_0,

---

(*) D.L. FISK a obtenu des résultats intéressants sur les semimartingales continues. Voir son article "Quasimartingales" (Trans. Amer. Math. Soc., 1965).

un élément de $\underline{\underline{L}}$, et un élément naturel de $\underline{\underline{A}}_{loc}$. On n'a pas de résultat analogue pour les semimartingales locales faibles, semble t'il.

Soit $X=X_0+M+A^n$ une semimartingale locale, et soit Y un processus bien-mesurable : il est naturel de désigner par $\int_0^t Y_s dX_s$ ou $(Y.X)_t$ l'intégrale stochastique $\int_0^t Y_s dM_s + \int_0^t Y_s dA_s^n$, à condition que ces deux intégrales existent séparément. De même, il est naturel de noter $[X,X]_t$ (resp. $\langle X,X\rangle_t$) la limite de $\sum(X_{t_{i+1}}-X_{t_i})^2$ (resp. de $\sum \underline{E}[(X_{t_{i+1}}-X_{t_i})^2|\underline{\underline{F}}_{t_i}]$, si ces sommes ont un sens) le long du filtre des subdivisions de $[0,t]$, c'est à dire $[M,M]_t + \sum_{s\leq t}(\Delta A_s^n)^2$ (resp. $\langle M,M\rangle_t+\sum_{s\leq t}(\Delta A_s^n)^2$).

Voici maintenant le premier théorème de changement de variables dans les intégrales stochastiques ; il est relatif aux semimartingales $X=X_0+M+A$ à trajectoires continues . On notera qu'alors (les discontinuités de M étant totalement inaccessibles et celles de A accessibles), M et A sont nécessairement continus.

THÉORÈME 3.- *Soient n semimartingales locales continues*

$$X^i=X_0^i + M^i + A^i \quad (i=1,\dots,n,\ M^i\in\underline{\underline{M}}_{loc}^c,\ A^i\in\underline{\underline{A}}_{loc}^c)$$

et soit X le processus $(X^i)_{i=1,\dots,n}$ *à valeurs dans* $\mathbb{R}^n$. *Soit F une fonction définie sur* $\mathbb{R}^n$, *admettant des dérivées partielles continues d'ordres 1 et 2. Le processus* $(F\circ X_t)$ *est alors une semimartingale locale continue, admettant la décomposition*

$$F\circ X_t = F\circ X_0 + \sum_{i=1}^n \int_0^t D^iF\circ X_s\, dM_s^i +$$

$$+ \sum_{i=1}^n \int_0^t D^iF\circ X_s\, dA_s^i + \frac{1}{2}\sum_{i,j} \int_0^t D^iD^jF\circ X_s\, d\langle M^i,M^j\rangle_s \text{(*)}$$

DÉMONSTRATION.- Nous nous bornerons au cas où n=1. Par arrêt à des temps d'arrêt convenables, on se ramène aussitôt au cas où

(*) Si n=1, il est commode d'écrire formellement $d(F\circ X_s) = F'\circ X_s dX_s + \frac{1}{2}F''\circ X_s ds$.

$X, M, \{A\}$ sont bornés en valeur absolue par une constante K. On peut alors supposer que F a son support dans $[-2K,+2K]$. Il suffit d'autre part de traiter le cas où F admet des dérivées continues des <u>trois</u> premiers ordres (on effectue ensuite un passage à la limite). Alors, si b et a sont deux éléments de $[-2K,2K]$, la formule de Taylor donne

$$F(b)-F(a) = (b-a)F'(a) + \frac{1}{2}(b-a)^2F''(a) + r(a,b)$$

avec $|r(a,b)| \leq C|b-a|^3$. Dans ces conditions, prenons une subdivision (t_i) de $[0,t]$; nous avons

$$F(X_t)-F(X_0) = \sum[F(X_{t_{i+1}})-F(X_{t_i})] = \sum F'(X_{t_i})(X_{t_{i+1}}-X_{t_i}) +$$
$$+ \frac{1}{2}\sum F''(X_{t_i})(X_{t_{i+1}}-X_{t_i})^2 + \sum r(X_{t_i},X_{t_{i+1}})$$

Le premier terme de la somme ne pose pas de problème :

$\sum F'(X_{t_i})(M_{t_{i+1}}-M_{t_i})$ (resp. $(A_{t_{i+1}}-A_{t_i})$) converge en norme (resp. p.s.) vers $\int_0^t F'\circ X_s dM_s$ (resp. dA_s).

Passons au second terme. Soit H une constante qui majore $|F''|$; les sommes $\sum F''(X_{t_i})(A_{t_{i+1}}-A_{t_i})^2$, $\sum F'' X_{t_i}(M_{t_{i+1}}-M_{t_i})(A_{t_{i+1}}-A_{t_i})$ étant majorées respectivement en valeur absolue par $H.\{A\}_t. \sup|A_{t_{i+1}}-A_{t_i}|$ et $H.\{A\}_t. \sup|M_{t_{i+1}}-M_{t_i}|$, sommes qui tendent p.s. vers 0 en vertu de la continuité des trajectoires de M et de A, il suffit d'étudier la limite de $\sum F''\circ X_{t_i}(M_{t_{i+1}}-M_{t_i})^2$. Or soit $\underline{\underline{H}}$ l'espace des processus continus à gauche et bornés Y , tels que $\sum Y_{t_i}(M_{t_{i+1}}-M_{t_i})^2$ tende en probabilité vers $\int_0^t Y_s d\langle M,M\rangle_s$ lorsque les subdivisions deviennent arbitrairement fines ; il résulte de l'appendice de l'exposé I que $\underline{\underline{H}}$ est fermé pour la convergence uniforme , et contient tous les processus étagés de la forme $Y_s(\omega) = \sum Y_{s_i}(\omega)I_{]s_i,s_{i+1}]}(s)$; $\underline{\underline{H}}$ contient donc aussi le processus continu et borné $(F''\circ X_s)$.

Reste à étudier le dernier terme. Soit C une borne de la

dérivée troisième F''' ; ce terme est majoré par

$$C. \sum |X_{t_{i+1}} - X_{t_i}|^3 \leq C. \sup|X_{t_{i+1}} - X_{t_i}|. \sum (X_{t_{i+1}} - X_{t_i})^2$$

$$\leq 2C. \sup|X_{t_{i+1}} - X_{t_i}|. \sum [\ (M_{t_{i+1}} - M_{t_i})^2 + (A_{t_{i+1}} - A_{t_i})^2]$$

$$\leq 2C. \sup|X_{t_{i+1}} - X_{t_i}|. \sum (M_{t_{i+1}} - M_{t_i})^2$$

$$+2C. \sup|X_{t_{i+1}} - X_{t_i}|. \sup|A_{t_{i+1}} - A_{t_i}|.\{A\}_t$$

Ce dernier terme tend évidemment vers 0 p.s. ; celui qui le précède tend vers 0 en norme dans L^1, car nous avons vu dans l'appendice de l'exposé I que les variables aléatoires $\sum (M_{t_{i+1}} - M_{t_i})^2$
sont uniformément intégrables, tandis que $\sup|X_{t_{i+1}} - X_{t_i}|$ tend
p.s. vers 0 en restant borné.

Extension . On peut remplacer les bornes 0 et t par S et T, où
S et T sont des temps d'arrêts, et $S \leq T$. On se ramène aussitôt
à établir cela pour des bornes de la forme 0 et T, et cela se
fait en approchant T par une suite décroissante de temps d'arrêt
étagés.

Application.- Le théorème suivant est dû à Paul LÉVY ; la démonstration est celle de KUNITA-WATANABE (on comparera à la démonstration classique, donnée dans le livre de DOOB, p.384).

PROPOSITION 5.- Soit X un processus à valeurs dans $\underset{\sim}{R}^n$, tel que
$X_0 = 0$, dont les composantes X^i sont des martingales continues
telles que $< X^i, X^j >_t = \delta_{ij} t$. Alors X est un mouvement brownien
issu de 0.

DÉMONSTRATION.- Posons $F(x) = e^{iu \cdot x}$ ($u.x$ est le produit scalaire
des vecteurs u et x dans $\underset{\sim}{R}^n$). La formule du changement de variables nous donne, si $r < t$

$$\underset{\sim}{E}[F \circ X_t - F \circ X_r | \underset{=}{F}_r] = \underset{\sim}{E}[\frac{1}{2} \sum \int_r^t D^i D^j F \circ X_s \, d< X^i, X^j >_s | \underset{=}{F}_r]$$

$$= \underset{\sim}{E}[-\frac{1}{2}|u|^2 \int_r^t F \circ X_s \, ds | \underset{=}{F}_r] .$$

Soit $A \in \underset{=}{F}_r$, et soit pour $w \geq 0$ $f(w) = \int_A F \circ X_{r+w} \, d\underset{\sim}{P}$. Cette formule

s'écrit
$$f(w)-f(0) = -\frac{1}{2}|u|^2\int_0^w f(s)ds$$
d'où $f(w)= f(0).\exp(-\frac{1}{2}|u|^2 w)$, et enfin
$$\underset{\sim}{E}[e^{iu.X_t}-e^{iu.X_r}|\underline{\underline{F}}_r] = e^{iu.X_r}\exp(-\frac{t-r}{2}|u|^2)$$
ou
$$\underset{\sim}{E}[\exp(iu.(X_t-X_r))|\underline{\underline{F}}_r] = \exp(-\frac{t-r}{2}|u|^2).$$
Cela exprime que X est un mouvement brownien.

La formule générale du changement de variables.

Nous donnons ici cette formule sous une forme un peu différente de celle de KUNITA-WATANABE, qui a l'avantage de s'appliquer aux martingales locales les plus générales (alors que celle de KUNITA-WATANABE concerne les martingales locales définies sur l'espace canonique d'un processus de HUNT ; nous l'étudierons plus tard). Nous laisserons de côté les processus à valeurs vectorielles, pour ne pas compliquer les notations (mais ceux-ci n'offrent aucune véritable difficulté supplémentaire).

On notera que la décomposition indiquée n'est pas canonique : elle comporte un élément de $\underline{\underline{A}}$ retors. Bien entendu, rien ne serait plus facile que de la rendre canonique (formellement) en compensant ce processus, mais ce serait un simple jeu d'écriture. Au contraire, dans le cas des martingales liées aux processus de HUNT, un calcul plus explicite est possible, grâce au " système de LÉVY" du processus, et on obtient alors la formule de KUNITA et WATANABE.

THÉORÈME 4.- Soit X une semimartingale locale, admettant la décomposition canonique
$$X = X_0 + M + A = X_0 + M^c + M^d + A^c + A^d ,$$
où $M \in \underline{\underline{L}}$ (et M^c et M^d sont respectivement continue, et une somme compensée de sauts), où A est un élément naturel de $\underline{\underline{A}}_{loc}$ (et A^c et A^d sont respectivement la partie continue et la partie discontinue de A). Soit F une fonction définie sur $\underset{\sim}{R}$, admettant des dérivées des deux premiers ordres continues et bornées.

Le processus $(F\circ X_s)$ est alors une semimartingale locale, admettant la décomposition

$$F\circ X_t = F\circ X_0 + \int_0^t F'\circ X_{s-}\, dM_s$$
$$+ \int_0^t F'\circ X_{s-} dA_s^c$$
$$+ \int_0^t \frac{1}{2} F''\circ X_{s-}\; d\langle M^c,M^c\rangle_s$$
$$+ \sum_{\substack{s\leqq t\\ \Delta A_s\neq 0}} [F(X_s)-F(X_{s-})]$$
$$+ \sum_{\substack{s\leqq t\\ \Delta M_s\neq 0}} [F(X_s)-F(X_{s-})-F'(X_{s-})(X_s-X_{s-})] \quad (*)$$

DÉMONSTRATION.- Par arrêt à des temps d'arrêt $R_n \to \infty$, on peut se ramener (grâce à la prop.2) à démontrer la formule dans le cas où il existe un temps d'arrêt R tel que :

- $\{A\}_R$ est intégrable, A est arrêté à l'instant R, $\{A\}$ est borné sur l'intervalle $[0,R[$;
- M est une martingale uniformément intégrable, arrêtée à l'instant R, bornée sur $[0,R[$, de la forme $H+\overset{c}{Z}$ ($H\in\underline{\underline{M}}$; cf. la prop.2).

Quitte à faire une transformation de l'ensemble des temps, nous pourrons supposer que les processus sont définis et continus à gauche pour la valeur $+\infty$ du temps, et prendre $t=\infty$: cela simplifiera les notations.

Ecrivons maintenant $H=H'+H''$, où H'' est la somme compensée des sauts de H d'amplitude $<\varepsilon$, de sorte que $H'\in\underline{\underline{M}}$ n'a que des sauts d'amplitude $\geqq\varepsilon$ (et les trajectoires de H' n'ont donc qu'un nombre fini de sauts sur $[0,\infty]$) ; posons de même $A=A'+A''$, où A'' est la somme des sauts de A d'amplitude $<\varepsilon$ (ainsi A' n'a p.s. qu'un nombre fini de sauts sur $[0,\infty]$). Posons enfin $X'=X_0+H'+\overset{c}{Z}+A'$, $X''=H''+A''$; je dis qu'il suffira d'établir la

(*) Nous désignerons les termes du second membre, pris dans cet ordre, par T_i $(1\leqq i\leqq 6)$. **On peut évidemment remplacer X_{s-} par X_s dans les expressions de T_3 et T_4 .**

formule pour X'. En effet , choisissons une suite $\varepsilon_n \to 0$, de telle sorte que les trajectoires de X' convergent p.s. uniformément vers celles de X (inégalité de DOOB, exposé I, bas de la p.5) . Alors $F\circ X'_\infty \to F\circ X_\infty$. Au second membre, aucun problème pour T_1 ($X_0=X'_0$). $\int_0^t F'\circ X_{s-}dM_s = \int_0^t F'\circ X'_{s-}dM'_s + \int_0^t (F'\circ X_{s-}-F\circ X'_{s-})dH'_s + \int_0^t (F'\circ X_{s-}-F'\circ X'_{s-})d\overset{c}{Z}_s + \int_0^t F'\circ X_{s-}dH''_s$. Le second terme au 2e membre tend vers 0 dans L^2 (utiliser le théorème de Lebesgue, en tenant compte du fait que F' est bornée) ; le troisième terme tend vers 0 dans L^1, et le 4e à nouveau dans L^2 :cela règle la question de T_2. Pour T_4, la discussion est plus aisée , car M^c est commune à X et à X' : il suffit de noter que $F''\circ X'_{s-}$ converge p.s. uniformément vers $F''\circ X_{s-}$, d'où la convergence p.s. (ou dans L^1, F'' étant bornée). Même raisonnement pour T_3.

Passons à T_5 . Notons d'abord que ce terme appartient à $\underline{\underline{A}}$,(*) car on a , si $\Delta A_s \neq 0$

$$|F(X_s)-F(X_{s-})| \leqq K.|\Delta A_s|$$

où K est une borne de F' , et $\sum |\Delta A_s| \leqq \{A\}_\infty$ est intégrable. On a alors

$$\sum_{\Delta A_s\neq 0} [F(X_s)-F(X_{s-})] = \sum_{\Delta A'_s\neq 0} [F(X'_s)-F(X'_{s-})] +$$

$$+ \sum_{\Delta A'_s\neq 0} [F(X_s)-F(X'_s)-F(X_{s-})+F(X'_{s-})] + \sum_{\Delta A''_s\neq 0} [F(X_s)-F(X_{s-})] .$$

Le second terme au second membre tend vers 0 p.s., du fait que pour chaque ω il s'agit du somme <u>finie</u> , et qu'il y a convergence vers 0 de chaque terme ; le troisième terme lui aussi tend vers 0, car il est majoré en valeur absolue par $K.\{A''\}_\infty$.

Passons enfin à T_6, et montrons comme ci-dessus , pour commencer, que ce terme appartient à $\underline{\underline{A}}$ (*). Il faut distinguer le saut à l'instant R, que nous majorerons en module par $2K|\overset{c}{Z}_R-\overset{c}{Z}_{R-}|$ (K désignant toujours une borne de F'), variable aléatoire qui est intégrable, et, d'autre part, la contribution des sauts

(*) À $\underline{\underline{A}}_{loc}$ si on ne fait pas les hypothèses simplificatrices du début.

antérieurs à R. Or on a, L désignant une borne de F"

$$\sum_{\substack{\Delta M_s \neq 0 \\ s<R}} | F(X_s)-F(X_{s-})-F'(X_{s-})(X_s-X_{s-})| \leq$$

$$\frac{1}{2}L\sum_{\substack{\Delta M_s \neq 0 \\ s<R}} (X_s-X_{s-})^2 \leq \frac{1}{2}L\sum_s (H_s-H_{s-})^2$$

dont l'espérance est au plus $\frac{1}{2}L\underset{\sim}{E}[H^2_\infty]$. Pour étudier le comportement de T_6 dans le passage à la limite, on procède alors comme plus haut : contribution du saut à l'instant R, commun à X et X' (convergence p.s.) ; contribution des sauts de H' (il n'y en a qu'un nombre fini , et il y a convergence de chaque terme comme ci-dessus dans l'étude de T_5) ; contribution dans T_6 (relatif à X) des sauts de H" ; on la majore par $\frac{1}{2}L\sum(H''_s-H''_{s-})^2$, qui tend vers 0 dans L^1.

<u>Il nous reste donc seulement à établir la formule pour</u> X'.
Posons alors

$$B'_t = \sum_{s\leq t} \Delta H'_s + Z_t$$

Ce processus appartient à $\underline{\underline{A}}$, est purement discontinu et retors.
On a

$$X' = X_0 + H^c + \overset{c}{B'} + A^c + A'$$

où B' et A' n'ont qu'un nombre fini de sauts sur $[0,\infty]$. Nous reviendrons aux notations initiales, en omettant tous les ' et en posant $H^c = M^c$, $B'=B$, $A'=A^d$, $\overset{c}{B} = M^d$, $M^c+M^d=M$, $A^c+A^d=A$:

$$X = X_0 + M + A = X_0 + M^c + \overset{c}{B} + A^c + A^d$$

Soient $U_0=0$, et $U_1,U_2\ldots$ les instants des sauts successifs de X : pour chaque ω, on a $U_n(\omega)=\infty$ pour n assez grand. La semimartingale X est continue sur l'intervalle $[U_i,U_{i+1}[$, où elle se réduit à $X_{U_i}+M^c-\tilde{B}+A^c$; on peut donc écrire, en appliquant la formule du changement de variables des semimartingales continues (avec translation de l'origine des temps à l'instant U_i ; cf [3],chap. IV, n°s 55 et 58)

$$F(X_{U_{i+1}-})-F(X_{U_i}) = \int_{U_i}^{U_{i+1}} F'\circ X_{s-}dM_s^c + \int_{U_i}^{U_{i+1}} F'\circ X_s dA_s^c$$
$$+ \int_{U_i}^{U_{i+1}} \frac{1}{2}F''\circ X_s d\langle M^c,M^c\rangle_s$$
$$- \int_{U_i}^{U_{i+1}} F'\circ X_s d\tilde{B}_s$$

Sommons sur i, ce qui est légitime car il n'y a p.s. qu'un nombre fini de termes pour chaque ω ; il vient

$$F(X_\infty)- F(X_0) = \int_0^\infty F'\circ X_{s-}dM_s^c + \int_0^\infty F'\circ X_{s-}dA_s^c + \int_0^\infty \frac{1}{2}F''\circ X_s d\langle M^c,M^c\rangle_s$$
$$-\int_0^\infty F'\circ X_{s-}d\tilde{B}_s + \sum_j [F(X_{U_j})-F(X_{U_j-})]$$

Ecrivons cette somme $\sum_s [F(X_s)-F(X_{s-})]$, et partageons la en deux : celle qui correspond aux sauts de A, que nous ne modifierons pas, et celle qui correspond aux sauts de $M^d = B-\tilde{B}$, que nous écrirons

$$\sum_{\Delta M_s\neq 0} F'\circ X_{s-}(X_s-X_{s-}) + \sum_{\Delta M_s\neq 0} [F(X_s)-F(X_{s-})-F'\circ X_{s-}(X_s-X_{s-})] .$$

On obtient alors la formule annoncée en remarquant que

$$\sum_{\Delta M_s\neq 0} F'\circ X_s(X_s-X_{s-})- \int_0^t F'\circ X_s d\tilde{B}_s = \int_0^\infty F'\circ X_{s-} (dB_s-d\tilde{B}_s)$$
$$= \int_0^\infty F'\circ X_{s-}dM_s^d .$$

BIBLIOGRAPHIE

D.L. BURKHOLDER.- Martingale Transforms. Annals of Math. Stat., 37, n°6, 1966, 1494-1504.

P.W. MILLAR.- Martingale integrals (article à paraître). Voir C.R. Acad. Sc., t.264, 1967, p. 694-697.

APPENDICE.-UN RÉSULTAT DE D.AUSTIN

D.G. AUSTIN a montré récemment (A sample function property of martingales, Ann. Math. Stat. 37, 1966, 1396-1397) que si X_n est une martingale telle que $\sup_n \underset{\sim}{E}|X_n| < \infty$, la variable aléatoire $\sum_n (X_{n+1}-X_n)^2$ est p.s. finie. Ce résultat suggère l'énoncé analogue suivant, pour des processus à temps continu : <u>si</u> $X=(X_t)_{t\in\mathbb{R}_+}$ <u>est une martingale continue à droite bornée dans</u> L^1 (i.e. telle que $\sup_t E[|X_t|]<\infty$) <u>la variable aléatoire</u> $\sum_s \Delta X_s^2$ <u>est p.s. finie</u>. Nous établirons ce résultat par la méthode qui nous a conduits à la prop. 2, mais nous permettrons ici à la famille de tribus d'avoir des temps de discontinuité.

Nous établirons en fait un énoncé un peu différent . Remarquons d'abord que la somme de deux martingales possédant la propriété de l'énoncé la possède encore (inégalité de Schwarz) ; ensuite, que toute martingale bornée dans L^1 est différence de deux martingales positives ("décomposition de KRICKEBERG"). Il suffit donc de traiter le cas où X est positive, et nous poserons alors $X_\infty = \lim_{t\to\infty} X_t$. Soit $a(t)=\frac{t}{1-t}$ pour $t\in[0,1[$, et soit $M_t=X_{a(t)}$ pour $t\in[0,1[$, $M_t=X_\infty$ pour $t\geq 1$. Le processus (M_t) est alors une martingale locale,(x) et l'énoncé résulte du théorème suivant :

THÉORÈME.- <u>Soit</u> $M=(M_t)$ <u>une martingale locale continue à droite. Si</u> $t<\infty$, <u>la variable aléatoire</u> $\sum_{s\leq t} \Delta M_s^2$ <u>est p.s. finie</u>.

DÉMONSTRATION.- En appliquant la définition des martingales locales, on se ramène aussitôt au cas où M est une martingale uniformément intégrable puis, par différence, au cas où M est une martingale uniformément intégrable positive. Posons alors , K étant un nombre >0

$$R = K\wedge(\inf \{s : M_s\geq K\})$$

Comme on a p.s. $R\geq t$ dès que K est assez grand, il nous suffira de démontrer le résultat pour la martingale $(N_t) =(M_{R\wedge t})$, autrement dit de

(x) Par exemple, parce que c'est une surmartingale positive, et que le processus croissant associé est nul.

prouver que :

<u>si</u> N <u>est une martingale uniformément intégrable positive, arrêtée à l'instant</u> R, <u>bornée par</u> K <u>sur</u> $[0,R[$, <u>on a</u> $\sum_s \Delta N_s^2 < \infty$.

Posons $Z_t = \Delta N_R . I_{\{t \geqq R > 0\}}$; comme N_R est intégrable, N_{R-} bornée, Z est la différence de deux processus croissants intégrables. Nous allons montrer que $\sup_s |\tilde{Z}_s| \in L^2$. Posons $Y_t = N_t I_{\{t<R\}}$: Y est une surmartingale positive bornée. Le processus $J_t = N_R I_{\{t \geqq R\}}$ est un processus croissant intégrable, et Y admet la décomposition $Y = (N - J + \tilde{J}) - \tilde{J}$. Comme Y est bornée, on a $\tilde{J}_\infty \in L^2$. Posons $L_t = N_{R-} I_{\{t \geqq R > 0\}}$; on voit de même que $\tilde{L}_\infty \in L^2$. Comme $Z = J - L$, on a $\tilde{Z} = \tilde{J} - \tilde{L}$, donc $\int_0^\infty |d\tilde{Z}_s| \leqq \tilde{J}_\infty + \tilde{L}_\infty \in L^2$, d'où enfin le résultat cherché.

Posons maintenant $H = N - \overset{c}{Z}$; comme on a $\sum \Delta \overset{c}{Z}{}_s^2$, puisque les trajectoires de $\overset{c}{Z}$ sont à variation bornée, il suffira de montrer que $\sum \Delta H_s^2 < \infty$. Il suffira pour cela, d'après une propriété bien connue des martingales de carré intégrable, de montrer que $\sup_s |H_s - H_0| \in L^2$. Or cette variable aléatoire est majorée par la somme de $\sup_{0<s<R} |H_s - H_0|$ et de $|\Delta H_R|$. Sur $[0,R[$, on a $Z=0$, $H = N + \tilde{Z}$, donc $\sup_{0<s<R} |H_s - H_0| \leqq 2K + \sup_s |\tilde{Z}_s| \in L^2$. D'autre part, on a $\Delta N_R = \Delta Z_R$, donc $\Delta H_R = \Delta \tilde{Z}_R$, majoré en module par $2 \sup_s |\tilde{Z}_s| \in L^2$. Cela achève la démonstration.

Université de Strasbourg   Séminaire de Probabilités
1966-67

INTÉGRALES STOCHASTIQUES III

Nous allons reprendre ici l'étude faite dans l'exposé I, mais en remplaçant l'espace de toutes les martingales de carré intégrable (par rapport à une loi de probabilité donnée) par l'espace des fonctionnelles additives d'un processus de HUNT, qui sont des martingales de carré intégrable pour toute loi P^x. Nous continuons à suivre de très près MOTOO et WATANABE.

§I . FONCTIONNELLES ADDITIVES DE MARKOV.

1. Notations utilisées. Ces notations sont celles du fascicule " Processus de Markov" (Lecture Notes in Mathematics, n°26). Elles sont d'ailleurs presque universellement adoptées, à de légères variantes près.

$$E, (P_t), \Omega, (X_t), \Theta_t , \underline{\underline{F}} , (\underline{\underline{F}}_t), P^\mu \;;$$

E l'espace d'états, est un espace localement compact à base dénombrable.

(P_t) est un semi-groupe de transition markovien(*) sur E, satisfaisant à l'hypothèse (A) de HUNT . Pour fixer les idées, on pourra supposer que (P_t) est un semi-groupe de FELLER . De plus, pour simplifier, nous supposerons que les noyaux P_t transforment les fonctions boréliennes en fonctions boréliennes. Nous noterons (U^p) la résolvante de ce semi-groupe , et nous supposerons (ce n'est pas une hypothèse simplificatrice, mais essentielle !) qu'il existe une mesure de référence η , i.e. une mesure η telle que toutes les mesures $U^p(x,d.)$ soient absolument continues par rapport à η (" hypothèse (L)").

Ω est l'ensemble de toutes les applications (" trajectoires") de $\mathbb{R}_+$ dans E, continues à droite et pourvues de limites à gauche.

X_t est l'application $t \mapsto \omega(t)$ de Ω dans E.

$\Theta_s\omega$ est la trajectoire $t \mapsto X_{s+t}(\omega)$. L'application Θ_s est appelée

---

(*) On ramènera le cas sousmarkovien à celui-ci, par le procédé habituel.

opérateur de translation par s.

$\underline{\underline{F}}^\circ$, resp. $\underline{\underline{F}}_t^\circ$, est la tribu engendrée par les X_s (resp. X_s, $s \leq t$).

P^μ, resp. P^x, est l'unique loi sur $(\Omega, \underline{\underline{F}}^\circ)$ pour laquelle (X_t) est un processus de Markov admettant (P_t) comme semi-groupe de transition, μ (resp. ε_x) comme loi initiale.

$\underline{\underline{F}}^\mu$, resp. $\underline{\underline{F}}_t^\mu$ est la tribu obtenue en adjoignant à $\underline{\underline{F}}^\circ$, resp. $\underline{\underline{F}}_t^\circ$, tous les sous-ensembles des éléments de $\underline{\underline{F}}^\circ$, P^μ-négligeables. On désigne par $\underline{\underline{F}}$, resp. $\underline{\underline{F}}_t$, l'intersection des tribus $\underline{\underline{F}}^\mu$, resp. $\underline{\underline{F}}_t^\mu$.

L'expression " p.s." signifie " P^μ-p.s. pour toute loi μ" . Soient A et B deux processus définis sur Ω. Nous dirons que A et B sont indistinguables si $P^\mu\{\exists\, t : A_t(\omega) \neq B_t(\omega)\}=0$ quelle que soit μ. On montre que

1) La famille $(\underline{\underline{F}}_t^\mu)$ est continue à droite, et dépourvue de temps de discontinuité.

2) Pour qu'un temps d'arrêt T de la famille $(\underline{\underline{F}}_t^\mu)$ soit accessible, il faut et il suffit que $P^\mu\{X_T \neq X_{T-},\ T<\infty\} = 0$.

2. Fonctionnelles additives.

Un processus stochastique (à valeurs réelles finies) $A = (A_t)$ défini sur Ω est une fonctionnelle additive (f.a.) si

1) $A_0=0$; les trajectoires $t \mapsto A_t(\omega)$ de A sont continues à droite ; A_t est $\underline{\underline{F}}_t$-mesurable pour tout t.

2) Pour chaque couple (s,t) d'éléments de $\mathbb{R}_+$, on a p.s.

$$A_{t+s} = A_t + A_s \circ \theta_t \quad . \tag{1}$$

Désignons par $H_{s,t}$ l'ensemble où les deux membres de (1) diffèrent. Si $H = \bigcup_{s,t} H_{s,t}$ est négligeable pour toute loi P^μ, nous dirons que la fonctionnelle est parfaite. Même si la fonctionnelle n'est pas parfaite, on peut montrer que

$$A_{T+s} = A_T + A_s \circ \theta_T \text{ p.s. sur } \{T<\infty\} \text{ si T est un temps d'arrêt.}$$

Voici quelques types particulièrement importants de fonctionnelles additives.

1) Nous désignerons par $\underline{\underline{A}}'^{+}$ (le ' servant à marquer la distinction avec l'ensemble $\underline{\underline{A}}^{+}$ de l'exposé I) l'ensemble des fonctionnelles additives A dont les trajectoires sont croissantes, et qui sont telles que $E^x[A_t] < +\infty$ pour tout x et tout t fini. Le sous-ensemble de $\underline{\underline{A}}'^{+}$ constitué par les fonctionnelles à trajectoires continues sera noté $\underline{\underline{A}}_c'^{+}$, et nous poserons $\underline{\underline{A}}' = \underline{\underline{A}}'^{+} - \underline{\underline{A}}'^{+}$, $\underline{\underline{A}}'_c = \underline{\underline{A}}_c'^{+} - \underline{\underline{A}}_c'^{+}$. Nous identifierons toujours entre eux les éléments indistinguables de $\underline{\underline{A}}'$, et nous munirons $\underline{\underline{A}}'$ des semi-normes

$$\lambda_{x,t}(A) = E^x[\int_0^t |dA_s|]$$

Les fonctionnelles $A \in \underline{\underline{A}}'^{+}$ telles que la fonction $E^{\cdot}[A_r]$ soit bornée par une constante K pour un r>0 sont particulièrement intéressantes. On a alors $E^{\cdot}[A_{nr}] \leq nK$, donc $E^{\cdot}[A_t] \leq K(1+\frac{t}{r})$(*). Il en résulte que A a un p-potentiel borné pour tout p>0. Inversement, si le p-potentiel $E^{\cdot}[\int_0^\infty e^{-pt}dA_t]$ est borné par C pour un p>0, on a évidemment $E^{\cdot}[A_t] \leq Ce^{pt}$ pour tout t.

Voici des exemples d'éléments de $\underline{\underline{A}}'$:

a) Soit f une fonction borélienne bornée ; on pose $A_t = \int_0^t f \circ X_s ds$. En particulier, $A_t = t$ si f=1.

b) Soit R un temps terminal , i.e. un temps d'arrêt de la famille $(\underline{\underline{F}}_t)$ tel que l'on ait pour chaque t

$$R \circ \theta_t = R-t \quad \text{p.s. sur } \{t<R\}.$$

On obtient alors une fonctionnelle $A \in \underline{\underline{A}}_c'^{+}$ en posant $A_t = t \wedge R$. Supposons de plus que $P^x\{R=0\} = 0$ pour tout x, et définissons les itérés de R en posant, par récurrence :

$$R_1 = R \ , \qquad R_{n+1} = R_n + R \circ \theta_{R_n} \ .$$

On obtient alors une autre fonctionnelle additive positive, purement discontinue, en posant (**)

$$A_t = \sum_{n \geq 1} I_{\{R_n \leq t\}}$$

(mais on n'a pas nécessairement $E^x[A_t] < \infty$). Inversement, toute

(*) Ainsi, une fonctionnelle positive telle que $E^{\cdot}[A_r]$ soit bornée pour un r>0 appartient à $\underline{\underline{A}}'^{+}$.

(**) Voir le premier paragraphe de l'exposé suivant.

fonctionnelle additive positive, purement discontinue, à sauts unité, est de cette forme, R étant l'instant du premier saut de la fonctionnelle.

2) Nous désignerons par $\underline{\underline{M}}'$ l'ensemble des fonctionnelles additives M telles que

$$E^x[M_t^2] < +\infty \quad , \; E^x[M_t] = 0 \text{ pour tout } x \text{ et tout } t \text{ fini.}$$

Le processus M est alors une martingale de carré intégrable pour chaque loi P^x. En effet, si s<t

$$E^x[M_t - M_s | \underline{\underline{F}}_s] = E^x[M_{t-s} \circ \theta_s | \underline{\underline{F}}_s]$$

Le premier membre étant une fonction intégrable sur Ω, il en est de même du second, et $E^x[|M_{t-s}\circ\theta_s| \, | \underline{\underline{F}}_s] = E^{X_s}[|M_{t-s}|]$ est intégrable . On a alors

$$E^x[M_{t-s}\circ\theta_s | \underline{\underline{F}}_s] = E^{X_s}[M_{t-s}] = 0 \ .$$

Nous verrons plus loin des exemples explicites de fonctionnelles appartenant à $\underline{\underline{M}}'$.

Nous dirons qu'une **f.a. $A \in \underline{\underline{A}}'$ est <u>naturelle</u> si les applications** $t \mapsto A_t(\omega)$, $t \mapsto X_t(\omega)$ n'ont p.s. pas de discontinuités communes. Cela revient à dire (voir le fasc. des Lecture Notes, chap.XIV, th.37) que $\Delta A_T = 0$ pour tout temps d'arrêt totalement inaccessible T (ou encore que A est naturel, au sens de l'exposé I, lorsqu'on munit Ω de n'importe quelle mesure P^μ).

3. <u>Quelques résultats sur les f.a. positives.</u>

Il s'agit d'adaptations de résultats présentés au §I du premier exposé.

PROPOSITION 1.- <u>Soit</u> $A \in \underline{\underline{A}}'$ (<u>resp.</u> $\underline{\underline{A}}'_c$) . <u>Le processus</u> $|A| = (\int_0^t |dA_s|)_{t\in\mathbb{R}_+}$ <u>appartient à</u> $\underline{\underline{A}}'^+$ (<u>resp. à</u> $\underline{\underline{A}}'^+_c$).

DÉMONSTRATION.- La relation $E^x[|A_t|] < +\infty$ est satisfaite par hypothèse. L'égalité $|A|_t = \lim_n \sum_{0\le k<2^n} |A_{(k+1)2^{-n}t} - A_{k2^{-n}t}|$ montre que $|A|_t$ est $\underline{\underline{F}}_t$-mesurable. Ce mode de calcul de la valeur absolue

d'une mesure sur $\underset{\sim}{R}_+$ montre aussi que $\{A\}_{t+s} = \{A\}_t + \{A\}_s \circ \Theta_t$ p.s.
(utiliser la subdivision de $[0,t+s]$ formée de la n-ième subdivi-
sion dyadique de $[0,t]$, et de la n-ième subdivision dyadique de
$[s,t+s]$).

On notera que les notations $\overset{\bullet}{\underline{L}}{}^1(A)$, $\underline{L}^1(A)$, définies ci-dessous ,
n'ont pas le même sens que dans l'exposé I : il s'agissait alors
d'espaces de processus , alors qu'ici il s'agit d'espaces de fonc-
tions sur E. On notera que $\overset{\bullet}{\underline{L}}{}^1(A)$ n'est pas contenu dans $\underline{L}^1(A)$.

DÉFINITION.- Soit $A \varepsilon \underline{A}'$. Nous désignerons par $\overset{\bullet}{\underline{L}}{}^1(A)$ (resp. $\underline{L}^1(A)$)
l'ensemble des fonctions presque-boréliennes f telles que

$\underset{\sim}{E}^x[\int_0^t |f \circ X_{s-}||dA_s|] < \infty$ (resp. $\underset{\sim}{E}^x[\int_0^t |f \circ X_s||dA_s|] < \infty$) quels que

soient x et t .

Nous noterons alors $\overset{\bullet}{f}.A$ (resp. f.A) la fonctionnelle additive

$(\overset{\bullet}{f}.A)_t = \int_0^t f \circ X_{s-} dA_s$ (resp. $(f.A)_t = \int_0^t f \circ X_s dA_s$)

Cette fonctionnelle appartient évidemment à $\underline{A}'$. Il n'y a pas
lieu de distinguer $\overset{\bullet}{\underline{L}}(A)$ et $\underline{L}(A)$, $\overset{\bullet}{f}.A$ et f.A, si A est naturelle ,
mais la distinction est d'importance si A est " retorse".

Le théorème suivant (à rapprocher de la prop.1 de l'exposé I,
mais nettement plus difficile) est dû à MOTOO. On ne sait l'étendre aux fonctionnelles additives naturelles que sous les hypothèses de la troisième partie de HUNT.

THÉORÈME 1.- Soient deux f.a. $A \varepsilon \underline{\underline{A}}'_C$, $B \varepsilon \underline{\underline{A}}'_C$, telles que la relation
f.A=0 (où f est borélienne bornée) entraîne f.B=0 [(*)]. Il existe
alors $h \varepsilon \underline{L}^1(A)$ telle que B=h.A.

_____

(*) Soit $C \varepsilon \underline{\underline{A}}'$; C est nulle (i.e., indistinguable de 0) si et seulement si $\underset{\sim}{E}^{\bullet}[C_t]=0$ pour tout t : en effet, cette condition entraîne que C est martingale pour toute loi $\underset{\sim}{P}^x$, et donc que C=0 d'
après le théorème d'unicité. L'hypothèse du th. 1 se met donc
sous la forme $\underset{\sim}{E}^{\bullet}[(f.A)_t]=0$ pour tout t $\Longrightarrow \underset{\sim}{E}^{\bullet}[(f.B)_t]$. Il est par-
fois plus commode de faire (si c'est possible) une transformation
de Laplace, et d'écrire $U^p_A f=0 \Longrightarrow U^p_B f=0$.

DÉMONSTRATION.- a) <u>Les fonctionnelles</u> A <u>et</u> B <u>sont positives</u>, $B_t \leq A_t \leq t$ <u>pour tout</u> t.

Posons alors $a_t(x) = \mathbb{E}^x[A_t]/t$, $b_t(x) = \mathbb{E}^x[B_t]/t$, et désignons par η une mesure de référence bornée. Les fonctions a_t étant bornées par 1 , il existe une suite t_n tendant vers 0 telle que a_{t_n} tende vers une fonction borélienne bornée a, pour la topologie faible $\sigma(L^\infty, L^1)$ associée à η. Soit p>0 ; les mesures bornées $U^p(x,.)$ étant absolument continues par rapport à η, il en résulte que $U^p(a_{t_n})$ tend partout vers $U^p a$. Mais on a

$$U^p(x,a_t) = E^x\Big[\int_0^\infty e^{-ps}\,\frac{1}{t}(A_t \circ \theta_s)ds\Big] = E^x\Big[\int_0^\infty e^{-ps}\,\frac{A_{s+t}-A_s}{t}\,ds\Big]$$

et cela tend, lorsque t->0, vers le p-potentiel U_A^p (qui est borné). Les deux f.a. continues (A_t) et $(\int_0^t a\circ X_s ds)$ ont donc même p-potentiel, ce qui entraîne qu'elles sont indistinguables. De même, il existe une fonction b telle que $B_t = \int_0^t b\circ X_s ds$. Posons alors $h = \frac{b}{a}$ sur l'ensemble $\{a \neq 0\}$, h=0 sur $\{a=0\}$; il est facile de vérifier que B=h.A.

b) <u>Les f.a.</u> A <u>et</u> B <u>sont positives</u>, A <u>est strictement croissante</u>, $A \leq B$.

Introduisons le changement de temps (c_t) associé à la fonctionnelle additive A ($c_t(\omega) = \inf\{s : A_s(\omega) > t\}$), et posons $Y_t = X_{c_t}$ ($Y_t = \partial$ si $c_t = +\infty$) , et $A_t' = A_{c_t}$, $B_t' = B_{c_t}$. Posons aussi $Q_t(x,f) = \mathbb{E}^x[f\circ Y_t]$ si f est borélienne bornée : (Q_t) est un semi-groupe de transition et, si l'on munit Ω de la loi $\mathbb{P}^\mu$, le processus (Y_t) est markovien, admet (Q_t) comme semi-groupe et μ comme loi initiale. Appliquons alors le raisonnement de a) à A' et B' (il y a de légères modifications, qui tiennent à ce que (Y_t) n'est pas la réalisation canonique de (Q_t)): nous voyons qu'il existe une fonction h

---

(*) Voir MEYER , fonctionnelles multiplicatives et additives de Markov, Ann. Inst. Fourier, Grenoble, t.12, 1962, p.125-230. Cet article sera désigné par [6] dans la suite.

telle que $h.A'=B'$; en revenant à (X_t) par le changement de temps inverse, on voit que $h.A=B$.

c) A et B sont positives.

On pose $C_t=A_t+B_t+t$; alors d'après b) on peut écrire $A=a.C$, $B=b.C$. On pose alors $h = \frac{b}{a}$ sur $\{a\neq 0\}$, $h=0$ sur $\{a=0\}$, et on vérifie aisément que $B=h.A$.

d) Cas d'une fonctionnelle et **de sa valeur absolue.**

Soit $A\in\underline{\underline{A}}'$, non nécessairement positive. Les f.a. positives $(\{A\}+A)/2$, $(\{A\}-A)/2$ sont majorées par $\{A\}$; il existe donc une fonction Θ telle que $A=\Theta.\{A\}$. Mais alors, par passage aux valeurs absolues, on voit que $\{A\}=|\Theta|.\{A\}$. On peut donc modifier Θ de telle sorte, qu'elle ne prenne que les valeurs ± 1 , et il en résulte que $\{A\}=\Theta.A$.

e) Cas général. On peut écrire $A=a.\{A\}$, $\{A\}=a.A$, $B=b.\{B\}$, $\{B\}=b.B$. Il en résulte que la relation $f.\{A\}=0$ entraîne $f.\{B\}=0$, et donc $\{B\}=g.\{A\}$ d'après c), d'où $B=h.A$ avec $h=agb$, ce qui achève la démonstration.

Pour finir, nous signalerons l'extension de certains résultats relatifs aux processus associés. Nous dirons que deux éléments A et B de $\underline{\underline{A}}'$ sont associés (notation : $A\sim B$) si $\underset{\sim}{E}^{\cdot}[A_t]=\underset{\sim}{E}^{\cdot}[B_t]$ pour tout t : cela revient à dire que le processus A-B est une martingale pour toute mesure $\underset{\sim}{P}^x$. On peut montrer (le principe de la démonstration est proche de celui des th. 2 et 3 ci-dessous) que toute f.a. $A\in\underline{\underline{A}}'$est associée à une f.a. $\tilde{A}\in\underline{\underline{A}}'_c$ naturelle unique. Comme dans l'exposé I, nous poserons $A-\tilde{A} = \tilde{A}$.

§ 2. INTÉGRALES STOCHASTIQUES.

1. Nous allons reprendre dans ce paragraphe, à propos de l'espace $\underline{\underline{M}}'$ des fonctionnelles additives - martingales de carré intégrable, les résultats qui ont été établis dans l'exposé I sur l'espace de toutes les martingales de carré intégrable.

Soit $M\in\underline{\underline{M}}'$; nous poserons $\eta_{x,t}(M) = (\underset{\sim}{E}^x[M_t^2])^{1/2}$, et nous munirons $\underline{\underline{M}}'$ des semi-normes $\eta_{x,t}$ dans toute la suite. Nous désignerons par $\underline{\underline{M}}'_c$ l'ensemble des éléments continus de $\underline{\underline{M}}$. Malheureusement

(contrairement à ce qui se passait dans l'exposé I, où il y avait une seule mesure), $\underline{\underline{M}}'$ n'est pas un espace de Fréchet : le théorème ci-dessous est donc plus faible que celui de l'exposé I.

THÉORÈME 2.- Toute suite de Cauchy dans $\underline{\underline{M}}'$ (resp. dans $\underline{\underline{M}}'_c$) est convergente dans $\underline{\underline{M}}'$(resp. $\underline{\underline{M}}'_c$).

DÉMONSTRATION.- Nous ne démontrerons que l'assertion relative à $\underline{\underline{M}}'$, celle qui concerne $\underline{\underline{M}}'_c$ s'en déduisant grâce à l'inégalité de DOOB (exp. I, p. 5), comme dans l'exposé I.

Nous utiliserons le lemme suivant, qui est "classique" (voir [3], chap.VIII, n°10)

LEMME.- Soient $(U,\underline{\underline{U}})$ un espace mesurable, $(\Omega,\underline{\underline{S}})$ un espace mesurable dont la tribu $\underline{\underline{S}}$ est séparable, $u \mapsto P_u$ une application mesurable de U dans l'ensemble des lois de probabilité sur Ω (i.e., un noyau markovien de U dans Ω), $u \mapsto Q_u$ une application mesurable de U dans l'ensemble des mesures bornées sur Ω, telle que pour tout u Q_u soit absolument continue par rapport à P_u. Il existe alors une fonction mesurable $q(u,\omega)$ sur $(U\times\Omega,\ \underline{\underline{U}}\times\underline{\underline{S}})$, telle que $q(u,.)$ soit , pour tout $u\in U$, une densité de Q_u par rapport à P_u.

Ce lemme étant admis, considérons une suite de Cauchy (M^n) dans $\underline{\underline{M}}'$, et désignons par $\underline{\underline{H}}$ l'ensemble des lois μ telles que (M^n_t) soit une suite de Cauchy dans $L^2(P^\mu)$ pour tout t fini ; nous désignerons alors par M^μ_t une variable aléatoire limite de cette suite, choisie à une équivalence près : on pourra supposer que M^μ_t est $\underline{\underline{F}}^\circ$-mesurable. Soit f une fonction $\underline{\underline{F}}^\circ$-mesurable et bornée, et posons $M^x_t = M^{\varepsilon_x}_t$; la fonction $x \mapsto E^x[f.M^x_t]$ est la limite des fonctions universellement mesurables $x \mapsto E^x[f.M^n_t]$; la tribu $\underline{\underline{F}}^\circ$ étant séparable, le lemme entraîne l'existence d'une fonction $M'_t(x,\omega)$, mesurable par rapport à $\underline{\underline{B}}_u(E)\times\underline{\underline{F}}^\circ$, telle que pour tout x la fonction $M'_t(x,.)$ soit une densité de $M^x_t.P^x$ par rapport à P^x - autrement dit, soit égale P^x-p.p. à M^x_t. Posons maintenant $M'_t(\omega) = M'_t(X_0(\omega),\omega)$: c'est une fonction $\underline{\underline{F}}$-mesurable, et on a pour tout x et tout t

$$\lim_n E^x[(M^n_t - M'_t)^2] = 0 .$$

Soit maintenant $\mu\in\underline{\underline{H}}$; dire que M^n_t converge vers M^μ_t dans $L^2(P^\mu)$ revient à dire que

$$\lim_n \int_E \mu(dx)\underset{\sim}{E}^x[(M_t^n-M_t^\mu)^2] = 0$$

Il existe donc une suite croissante (n_k) d'entiers, telle que

$$\underset{\sim}{E}^x[(M_t^{n_k}-M_t^\mu)^2] \rightarrow 0 \text{ pour } \mu\text{-presque tout } x .$$

Pour un tel x, on a $M_t^\mu = M_t^x = M_t'$ $\underset{\sim}{P}^x$-p.s. En intégrant, on en déduit que

$$\text{si } \mu\in\underline{\underline{H}} \text{ , on a } M_t^\mu = M_t' \quad \underset{\sim}{P}^\mu\text{-p.s. pour tout } t.$$

Remarquons maintenant que $M_{s+t}^n \Rightarrow M_{s+t}'$ dans $L^2(\underset{\sim}{P}^\mu)$, de sorte que $M_{s+t}^n-M_t^n = M_s^n\circ\theta_t$ tend vers $M_{s+t}'-M_t'$. Mais d'autre part, les variables aléatoires $M_s^n\circ\theta_t$ formant une suite de Cauchy dans $L^2(\underset{\sim}{P}^\mu)$ d'après ce qui vient d'être dit, la propriété de Markov simple entraîne que les M_s^n forment une suite de Cauchy dans $L^2(\underset{\sim}{P}^{\mu P_t})$; autrement dit, $\mu\in\underline{\underline{H}}$ entraîne $\mu P_t\in\underline{\underline{H}}$, et donc $\lim_n M_s^n = M_s'$ dans $L^2(\underset{\sim}{P}^{\mu P_t})$. La propriété de Markov simple entraîne alors que $M_s^n\circ\theta_t \Rightarrow M_s'\circ\theta_t$ dans $L^2(\underset{\sim}{P}^\mu)$, d'où enfin

$$M_{s+t}' - M_t' = M_s'\circ\theta_t \quad \underset{\sim}{P}^\mu\text{-p.s.} \quad ,$$

si $\mu\in\underline{\underline{H}}$; mais cela vaut en particulier pour $\mu=\varepsilon_x$, et donc (par intégration) pour μ quelconque.

Le processus (M_t') est donc une martingale pour toute loi $\underset{\sim}{P}^\mu$ $(\mu\in\underline{\underline{H}})$. Soit L l'ensemble des $\omega\in\Omega$ tels que la limite

$$M_{t+}'(\omega) = \lim_{\substack{s \text{ rationnel} \\ s \Rightarrow t+0}} M_s(\omega)$$

existe pour tout t . Posons $M_t(\omega) = M_{t+}'(\omega)$ si $\omega\in L$, $M_t(\omega)=0$ si $\omega\notin L$. La famille de tribus étant continue à droite, on a $M_t=M_t'$ p.s. pour chaque t ([3], chap.VI, th.4), et on vérifie aussitôt que le processus (M_t) est une f.a. appartenant à $\underline{\underline{M}}$, et que la suite (M_t^n) converge vers (M_t) dans $\underline{\underline{M}}$.

2. Intégrales stochastiques.

THÉORÈME 3.- Soit $M\in\underline{\underline{M}}$; il existe une f.a. $A\in\underline{\underline{A}}_c^{'+}$, unique, telle que $\underset{\sim}{E}^x[M_t^2-A_t] = 0$ pour tout x et tout t.

DÉMONSTRATION.- Unicité : si A et A' sont deux fonctionnelles additives possédant ces propriétés, A-A' est une f.a. continue, appartenant à $\underline{\underline{A}}'$, telle que $(A_t-A'_t)$ soit une martingale pour toute mesure P^x. On a donc A-A'=0.

Existence : soit $\underline{\underline{H}}$ l'ensemble des mesures μ telles que $E^\mu[M_t^2]$ $<+\infty$ pour tout t, et soit (A_t^μ) une version du processus croissant <M,M> (exposé I) relatif à la mesure P^μ. Nous avons vu dans l'appendice de l'exposé I que

$$A_t^\mu = \lim \sum_i E[(M_{t_{i+1}}-M_{t_i})^2|\underline{\underline{F}}_{t_i}] \qquad \text{dans } L^1(P^\mu)$$

pour des subdivisions (t_i) de $[0,t]$ devenant arbitrairement fines. On en déduit comme dans la démonstration précédente l'existence d'une variable aléatoire $\underline{\underline{F}}$-mesurable A'_t telle que $A'_t=A_t^\mu$ P^μ-p.s. quelle que soit $\mu\in\underline{\underline{H}}$. On montre ensuite (comme plus haut) que $\mu\in\underline{\underline{H}}$ entraîne $\mu P_t\in\underline{\underline{H}}$, et que $A'_{s+t}=A'_t+ A'_s\circ\theta_t$ p.s. (on utilise pour évaluer A^μ_{s+t} des subdivisions dyadiques de $[0,s]$ et de $[s,s+t]$) . Enfin, on obtient A en rendant A' continue à droite, à la manière de la démonstration précédente.

Nous désignerons par <M,M> la f.a. définie dans l'énoncé précédent. Si M et N sont deux éléments de $\underline{\underline{M}}$, nous définirons la f.a. $<M,N> \in\underline{\underline{A}}'_c$ comme dans l'exposé I. Les deux f.a. M et N seront dites <u>orthogonales</u> si <M,N> = 0.

DÉFINITION.- <u>Soit</u> $M\in\underline{\underline{M}}'$. <u>On désigne par</u> $\underline{\underline{L}}^2(M)$ <u>l'ensemble des fonctions presque boréliennes</u> f <u>sur</u> E <u>telles que</u> $f^2\in\underline{\underline{L}}^1(<M,M>)$.

THÉORÈME 4.- <u>Soit</u> $M\in\underline{\underline{M}}'$, <u>et soit</u> $f\in\underline{\underline{L}}^2(M)$. <u>Il existe une f.a. unique, appartenant à</u> $\underline{\underline{M}}'$, <u>notée</u> f.M <u>ou</u> $(\int_0^t f\circ X_{s-}dM_s)$, <u>qui possède la propriété suivante</u>

<u>si</u> $N\in\underline{\underline{M}}'$, <u>on a</u> $f\in\underline{\underline{L}}^1(<M,N>)$ <u>et</u> $<f.M,N>= f.<M,N>$ (*)

(*) En toute rigueur, il conviendrait de noter $\dot{f}.M$ cette fonctionnelle, pour la distinguer de l'intégrale stochastique $(\int_0^t f\circ X_s dM_s)$; mais nous n'aurons pas l'occasion d'utiliser celle-ci, et il n'y aura donc pas de risque de confusion.

DÉMONSTRATION.- L'unicité ne présente aucune difficulté (cf. exposé I). Pour établir l'existence, un raisonnement de classe monotone et l'utilisation du th.2 permettent de se ramener au cas où f est bornée et continue. Soit alors ϕ le processus très-bien-mesurable $(f\circ X_{t-})$, et soit (L_t^μ) une version de l'intégrale stochastique $\phi.M$, relative à la mesure $\underset{\sim}{P}^\mu$ (où μ est telle que $\underset{\sim}{E}^\mu[M_t^2]<\infty$ pour tout t). Le processus ϕ étant continu à gauche, L_t^μ est limite en norme de sommes de la forme

$$\sum f\circ X_{t_i-}(M_{t_{i+1}}-M_{t_i})$$

prises pour des subdivisions (t_i) arbitrairement fines de $[0,t]$. On peut d'ailleurs remplacer X_{t_i-} par X_{t_i} qui lui est égal p.s. . On établit alors comme dans la démonstration du th.2 l'existence d'une variable aléatoire $\underline{\underline{F}}_t$-mesurable L_t' telle que $L_t^\mu=L_t'$ p.s. quelle que soit μ ; on établit ensuite la relation $L_{s+t}'=L_s'+L_t'\circ\theta_s$ p.s., et on régularise à la façon du th.2.

3. Le théorème de projection.

DÉFINITION.- On dit qu'un sous-espace $\underline{\underline{L}}$ de $\underline{\underline{M}}'$ est stable si

1) Pour toute suite (M_n) d'éléments de $\underline{\underline{L}}$, qui converge vers $M \in \underline{\underline{M}}'$, on a $M\in\underline{\underline{L}}$.

2) Pour tout $M\in\underline{\underline{L}}$, et tout $f\in\underline{\underline{C}}_0(E)$, on a $f.M\in\underline{\underline{L}}$.

On a alors aussi f.M pour $f\in\underline{\underline{L}}^2(M)$ d'après 1). Cette définition est analogue à celle des sous-espaces stables de $\underline{\underline{M}}$ donnée dans l'exposé I, mais les deux notions ne coïncident pas exactement. De même, il faudra prendre garde que le sous-espace stable $\underline{\underline{S}}(\underline{\underline{H}})$ engendré par une partie $\underline{\underline{H}}$ de $\underline{\underline{M}}'$ n'est pas identique à l'espace désigné par cette notation dans l'exposé I.

THÉORÈME 5.- Soit $\underline{\underline{L}}$ un sous-espace stable de $\underline{\underline{M}}'$, et soit $M\in\underline{\underline{M}}'$. Il existe une f.a. $H\in\underline{\underline{L}}$, unique , telle que M-H soit orthogonale à $\underline{\underline{L}}$. On dit que H est la projection de M sur $\underline{\underline{L}}$.

DÉMONSTRATION.- L'unicité est évidente. Pour établir l'existence, nous suivrons la démonstration du théorème analogue (th.5) de l'exposé I, en insistant seulement sur les points qui diffèrent dans les deux preuves.

a) <u>Supposons que $\underline{\underline{L}}$ soit le sous-espace stable $\underline{\underline{S}}(N)$ engendré par une f.a.</u> $N\in\underline{\underline{M}}'$. La relation $f.\langle N,N\rangle = 0$, où f est borélienne bornée, entraîne $f.\langle N,N\rangle=0$ (exposé I, prop. 1 et 3) ; d'après le th.1, il existe une fonction $h\in\underline{\underline{L}}^1(\langle N,N\rangle)$ telle que $\langle M,N\rangle=h.\langle N,N\rangle$. On montre alors, comme dans la démonstration du th.5 de l'exposé I (p.10) que $h\in\underline{\underline{L}}^2(N)$ et que h.N est la projection cherchée de M sur $\underline{\underline{S}}(N)$.

b) <u>Si $\underline{\underline{L}}$ est le sous-espace stable $\underline{\underline{S}}(N_1,\dots,N_p)$ engendré par une suite finie de fonctionnelles</u>. On procède par orthogonalisation comme dans l'exposé I (p.10). On passe de là , grâce au th. 2, au cas où $\underline{\underline{L}}$ est engendré par une suite $(N^k)_{k\in\underline{N}}$ de f.a. .

c) <u>Cas général</u>. Choisissons une mesure de référence bornée η telle que $\underline{E}^\eta[M_{t_0}^2]<\infty$ pour un $t_0>0$, et posons $c=\inf\limits_{L\in\underline{\underline{L}}} \underline{E}^\eta[(M_{t_0}-L_{t_0})^2]$ (*).
Choisissons une suite (N^k) d'éléments de $\underline{\underline{L}}$, telle que $c = \inf\limits_k \underline{E}^\eta[(M_{t_0}-N^k_{t_0})^2]$, et désignons par H la projection de M sur le sous-espace stable $\underline{\underline{S}}(N^k,\ k\in\underline{N})$; soit d'autre part $N\in\underline{\underline{L}}$, et H' la projection de M sur le sous-espace stable engendré par les N^k et par N . Comme M-H' est orthogonale à H-H', on a $\underline{E}^\eta[(M_{t_0}-H_{t_0})^2] = \underline{E}^\eta[(M_{t_0}-H'_{t_0})^2] + \underline{E}^\eta[(H'_{t_0}-H_{t_0})^2]$, d'où $\underline{E}^\eta[(H_{t_0}-H'_{t_0})^2] = 0$ par définition de c. La fonction $\phi(x)=\underline{E}^x[(H_{t_0}-H'_{t_0})^2]$ est donc nulle η-presque partout. Admettons pour un instant que cela entraîne que H=H': le théorème en résultera aussitôt, car $N\in\underline{\underline{L}}$ est arbitraire dans ce qui précède, et H sera donc la projection cherchée.

Reste donc à démontrer ce point. Soit $A\in\underline{\underline{A}}_c'^+$ la fonctionnelle $\langle H-H', H-H'\rangle$; nous avons $\underline{E}^\cdot[A_{t_0}]=0$ presque partout,(**) et nous voulons en déduire que A=0. Remarquons d'abord que si une fonction

(*) c est fini, car $0\in\underline{\underline{L}}$.
(**) i.e., sauf sur un ensemble de potentiel nul.

positive f est nulle presque partout, il en est de même de $P_s f$ pour tout s, car $UP_s f = P_s Uf \leq Uf = 0$. Appliquer P_s à $\underset{\sim}{E}^{\cdot}[A_{t_0}]$ transforme cette fonction en $\underset{\sim}{E}^{\cdot}[A_{t_0} \circ \theta_s]$; on en déduit alors, en prenant $s=t_0$, que $\underset{\sim}{E}^{\cdot}[A_{2t_0}]$ est nulle presque partout ; en itérant et en passant à la limite, on voit que $\underset{\sim}{E}^{\cdot}[A_\infty]$ est nulle presque partout . Mais cette fonction est excessive, elle est donc nulle partout.

COROLLAIRE.- Soit $\underline{\underline{H}}$ une partie quelconque de $\underline{\underline{M}}'$; le sous espace stable $\underline{\underline{S}}(\underline{\underline{H}})$ est l'orthogonal de l'orthogonal de $\underline{\underline{H}}$.(*)

Soit $\underline{\underline{K}}$ ce double orthogonal : c'est un sous-espace stable qui contient $\underline{\underline{H}}$, donc $\underline{\underline{S}}(\underline{\underline{H}})$. Inversement, soit $M \in \underline{\underline{K}}$, et soit N la projection de M sur $\underline{\underline{S}}(\underline{\underline{H}})$: M-N est orthogonal à N et à $\underline{\underline{H}}$, donc à M puisque $M \in \underline{\underline{K}}$, donc à M-N, et enfin M-N = 0.

4. Un système générateur.

Soit g une fonction borélienne bornée, et soit p un nombre >0. Nous désignerons par $C^{p,g}$ la fonctionnelle additive

$$(1) \qquad C_t^{p,g} = U^p g \circ X_t - U^p g \circ X_0 + \int_0^t (g - pU^p g) \circ X_s \, ds \quad .$$

D'autre part, soit f une fonction bornée qui appartient au domaine $\underline{\underline{D}}$ du générateur infinitésimal A de (P_t) (une telle fonction est un p-potentiel pour tout p>0, et donc est borélienne d'après l'hypothèse (L)). Nous désignerons par C^f la fonctionnelle

$$(2) \qquad C_t^f = f \circ X_t - f \circ X_0 - \int_0^t Af \circ X_s \, ds \; .$$

Toute fonctionnelle C^f est aussi de la forme $C^{p,g}$ (avec g=pf-Af), et toute fonctionnelle $C^{p,g}$, $g \in \underline{\underline{C}}_0$, est aussi de la forme C^f(avec $f=U^p g$). Ces fonctionnelles sont bornées ; on sait que $C^f \in \underline{\underline{M}}'$ (c'est la "formule de DYNKIN"), et on démontre sans peine la même chose pour les fonctionnelles $C^{p,g}$.

Le théorème suivant, dû à KUNITA et WATANABE, est fondamental. Soit μ une mesure bornée , et soit $\underline{\underline{M}}$ l'espace de toutes les martingales (f.a. ou non !) de carré intégrable sur l'espace $(\Omega, (\underline{\underline{F}}^\mu),$

(*) Il en résulte en particulier que $\underline{\underline{S}}(\underline{\underline{H}})$ est fermé .

$\underset{\sim}{P}^{\mu}$). Alors

THÉORÈME 6.- Si $M \in \underline{\underline{M}}$ est orthogonale (pour la loi $\underset{\sim}{P}^{\mu}$) à toutes les martingales bornées $C^{p,g}$ ($p>0, g \in \underline{\underline{C}}_0$), M est nulle (i.e., indistinguable de 0 pour la loi $\underset{\sim}{P}^{\mu}$).(*)

On en déduit immédiatement le théorème suivant :

THÉORÈME 6'.- Le sous-espace stable de $\underline{\underline{M}}'$ engendré par les $C^{p,g}$ est $\underline{\underline{M}}'$ tout entier.

DÉMONSTRATION du th.6.- Il suffira de montrer que l'on a, pour toute fonction $f \in \underline{\underline{C}}_0$, tout couple (s,t) tel que s<t

(3) $\quad \underset{\sim}{E}^{\mu}[f \circ X_t(M_t - M_s) | \underline{\underline{F}}_s] = 0$

En effet , cette relation s'étendra aux fonctions f universellement mesurables bornées. Soient alors $t_1 < t_2 \ldots < t_n$ des instants, $f_1, \ldots,$ f_n des fonctions universellement mesurables bornées. Nous avons

$$\underset{\sim}{E}^{\mu}[f_1 \circ X_{t_1} \ldots f_n \circ X_{t_n} . M_{t_n}] = \underset{\sim}{E}^{\mu}[f_1 \circ X_{t_1} \ldots f'_{n-1} \circ X_{t_{n-1}} . M_{t_{n-1}}] +$$

$$+ \underset{\sim}{E}^{\mu}[f_1 \circ X_{t_1} \ldots f_{n-1} \circ X_{t_{n-1}} E[f_n \circ X_{t_n}(M_{t_n} - M_{t_{n-1}}) | \underline{\underline{F}}_{t_{n-1}}]]$$

où $f'_{n-1} = f_{n-1} . P_{t_n - t_{n-1}} f_n$. La dernière expression est nulle d'après (3), et la première expression au second membre est du même type que le premier membre, avec n-1 instants au lieu de n. Une récurrence immédiate permet alors d'en déduire que le premier membre est nul, donc que M est nulle.

Reste à établir (3) pour $f \in \underline{\underline{C}}_0$. Notons d'abord que M, orthogonale à $C^{p,g}$ pour un p>0 et $g \in \underline{\underline{C}}_0$, est orthogonale à $C^{p,g}$ pour toute fonction universellement mesurable et bornée (raisonnement classique par classe monotone et complétion) ; elle est donc orthogonale à C^f pour toute f du domaine de A, et finalement à $C^{q,f}$ pour tout q>0 et tout $f \in \underline{\underline{C}}_0$. D'autre part, si M est orthogonale à $C^{q,f}$, elle l'est aussi à la martingale

(4) $\quad J_t = e^{-qt} C_t^{q,f} + \int_0^t q e^{-qs} C_s^{q,f} \, ds$

(*) Il suffit même de supposer cela pour une valeur p>0 . On notera que la démonstration de ce théorème ne dépend pas de l'hypothèse (L) : on n'y change pas de mesure initiale.

car cette martingale est égale à l'intégrale stochastique $(\int_0^t e^{-qs}dC_s^{q,f})$ (exposé II, p.12). On a aussi $J_t = e^{-qt}u\circ X_t - u\circ X_0 + \int_0^t e^{-qs}f\circ X_s ds$, en posant $u=U^q f$. Nous avons $\underset{\sim}{E}[(J_t-J_s)(M_t-M_s)|\underline{\underline{F}}_s]=0$ d'après l'orthogonalité, aussi $\underset{\sim}{E}[(J_\infty-J_t)(M_t-M_s)|\underline{\underline{F}}_s]=0$ puisque $\underset{\sim}{E}[J_\infty-J_t|\underline{\underline{F}}_t]=0$, donc en ajoutant $\underset{\sim}{E}[(J_\infty-J_s)(M_t-M_s)|\underline{\underline{F}}_s]=0$, ou

$$\underset{\sim}{E}[(M_t-M_s)\int_s^\infty e^{-qv}f\circ X_v dv|\underline{\underline{F}}_s]=\underset{\sim}{E}[(M_t-M_s)(e^{-qs}u\circ X_s-u\circ X_0)|\underline{\underline{F}}_s]$$

et cette dernière expression est nulle, car M est une martingale. L'espace des fonctions continues ϕ sur $[s,+\infty]$ telles que $\underset{\sim}{E}[(M_t-M_s)\int_s^\infty \phi(v)f\circ X_v e^{-v}dv|\underline{\underline{F}}_s]=0$, contient les fonctions $e^{-qv}(q\geqq 0)$. D'après le théorème de Stone-Weierstrass, il contient toutes les fonctions continues sur $[s,+\infty]$. En approchant la masse unité ε_t par de telles fonctions, on voit que $\underset{\sim}{E}[(M_t-M_s)f\circ X_t|\underline{\underline{F}}_s]=0$, d'où le résultat.

5. Une fonctionnelle additive fondamentale.

Nous commençons par des résultats d'ordre technique.

LEMME 1.- Soit $M\in\underline{\underline{M}}'$; il existe une suite croissante (D_n) d'ensembles boréliens, de réunion E, telle que les fonctions $\underset{\sim}{E}^\cdot[(I_{D_n}.M)_t^2]$ soient bornées, quels que soient n et t.

DÉMONSTRATION.- Soit $A=\langle M,M\rangle$; tout revient évidemment à choisir des D_n comme ci-dessus, tels que les fonctions $\underset{\sim}{E}^\cdot[(I_{D_n}.A)_t]$ soient bornées. D'autre part, il suffit évidemment que les fonctions $\underset{\sim}{E}^\cdot[(I_{D_n}.A)_1]$ le soient (cf. p.3). Désignons par c_1 la fonction $\underset{\sim}{E}^\cdot[A_1]$; on vérifie sans peine que $c_1 = \lim_{h\to 0} \frac{1}{h}\int_0^h P_s c_1 ds$, ce qui entraîne que c_1 est borélienne, d'après l'hypothèse (L). D'autre part, si (T_k) est une suite de temps d'arrêt bornés qui décroît vers 0 $\underset{\sim}{P}^x$-p.s. ($x\in E$), on a $\lim_k \underset{\sim}{E}^x[c_1\circ X_{T_k}]= c_1(x)$ ce qui entraîne, en vertu d'un théorème de DYNKIN, que c_1 est finement continue . Nous allons montrer que les ensembles finement fermés boréliens D_n =

$\{c_1 \leqq n\}$ répondent à la question. Leur réunion est E. Soit d_1 la fonction $\underset{\sim}{E}^{\cdot}[\int_0^1 I_{D_n} \circ X_s dA_s]$, soit T le temps d'entrée dans D_n, et B la f.a. $I_{D_n} . A$; on a $\int_{[0,T\wedge 1[} dB_s = 0$, donc aussi $\int_{[0,T\wedge 1]} dB_s = 0$ puisque B est continue, donc

$$d_1(x) = \underset{\sim}{E}^x[\int_0^1 dB_s] = \underset{\sim}{E}^x[\int_{T\wedge 1}^1 dB_s] \leqq \underset{\sim}{E}^x[\int_{T\wedge 1}^{(T\wedge 1)+1} dB_s]$$

$$= P_T(x,d_1) \leqq P_T(x,c_1) \leqq n$$

puisque $c_1 \leqq n$ sur l'ensemble finement fermé D_n.

LEMME 2.- Soit $M \in \underline{\underline{M}}'$; il existe une fonctionnelle $N \in \underline{\underline{M}}'$, engendrant le même sous-espace stable que M, telle que les fonctions $\underset{\sim}{E}^{\cdot}[N_t^2]$ soient bornées.

DÉMONSTRATION.- Choisissons des ensembles D_n comme dans le lemme 1, tels que $\underset{\sim}{E}^{\cdot}[(I_{D_n}.M)_1^2] \leqq n$ pour tout n, et soit (λ_n) une suite de nombres tous >0, telle que $\sum n\lambda_n^2 < +\infty$. Posons $f = \sum \lambda_n . I_{E_n}$, où $E_1 = D_1$, $E_n = D_n \setminus D_{n-1}$. Nous avons

$$\sum \underset{\sim}{E}^{\cdot}[(\lambda_n I_{E_n} .M)_1^2] = \sum \lambda_n^2 \underset{\sim}{E}^{\cdot}[(I_{E_n}.M)_1^2] \leqq \sum n\lambda_n^2 < +\infty .$$

Les fonctionnelles $I_{E_n}.M$ étant deux à deux orthogonales, il en résulte que $f \in \underline{\underline{L}}^2(M)$, et la fonctionnelle N=f.M est telle que $\underset{\sim}{E}^{\cdot}[N_1^2]$ soit bornée. Enfin, on vérifie aisément que $\frac{1}{f} \in \underline{\underline{L}}^2(N)$ et que $M = \frac{1}{f}.N$, de sorte que M et N engendrent bien le même sous-espace stable.

PROPOSITION 2.- Pour tout sous-espace stable $\underline{\underline{L}}$ de $\underline{\underline{M}}'$, il existe une suite (N^n) de f.a. engendrant $\underline{\underline{L}}$, telle que les N^n soient deux à deux orthogonales, et que les fonctions $\underset{\sim}{E}^{\cdot}[(N_t^n)^2]$ soient toutes bornées.

DÉMONSTRATION.- L'application $f \mapsto C^{p,f}$ de $\underline{\underline{C}}_0(E)$ dans $\underline{\underline{M}}'$ est évidemment continue. Soit (f_n) une suite dense dans $\underline{\underline{C}}_0(E)$; le sous-espace stable engendré par les fonctionnelles C^{p,f_n} contient donc toutes les fonctionnelles $C^{p,g}$, $g\in\underline{\underline{C}}_0$: il est donc égal à $\underline{\underline{M}}$'tout entier. Projetons alors sur $\underline{\underline{L}}$ les fonctionnelles C^{p,f_n} ; nous obtenons une suite (F^n) qui engendre $\underline{\underline{L}}$. Rendons cette suite orthogonale par le procédé de Schmidt, ce qui nous donne une suite (M^n). Enfin, on remplace chaque M^n par une f.a. N^n , engendrant le même sous-espace stable, telle que les fonctions $E^{\cdot}[(N^n_t)^2]$ soient bornées (lemme 2).

PROPOSITION 3.- <u>Il existe une fonctionnelle additive</u> $M\in\underline{\underline{M}}'$, <u>telle que les fonctions</u> $E^{\cdot}[M_t^2]$ <u>soient bornées, et possédant la propriété suivante</u>

<u>pour toute loi</u> μ, <u>toute martingale de carré intégrable</u> N <u>pour la loi</u> P^μ <u>et la famille</u> $(\underline{\underline{F}}^\mu_t)$, <u>le processus croissant</u> $\langle N,N\rangle$ <u>est absolument continu par rapport à la f.a</u>. $\langle M,M\rangle$.

DÉMONSTRATION.- Reprenons les fonct. add. N^n de la prop.2, et choisissons des nombres λ_n tous $\neq 0$, tels que $\sum_n \lambda_n^2 . \sup_x E^{\cdot}[(N_1^n)^2] < +\infty$. La série $M=\sum_n \lambda_n N^n$ converge alors dans $\underline{\underline{M}}'$, et la fonction $E^{\cdot}[M_1^2]$ est bornée. D'après le th.6 et l'exposé I, la martingale N s'écrit $\sum H_n.N^n$ (série à termes orthogonaux, convergente dans l'espace $\underline{\underline{M}}$ associé à P^μ), et on a $\langle N,N\rangle = \sum H_n^2.\langle N^n,N^n\rangle$. Il ne reste plus qu'à remarquer que les processus croissants $\langle N^n,N^n\rangle$ sont évidemment absolument continus par rapport à $\langle M,M\rangle$.

COROLLAIRE.- <u>Il existe une mesure</u> η <u>telle que la relation</u> $f.\eta=0$ <u>entraîne</u> $f.\langle N,N\rangle=0$ <u>pour toute</u> f.a. $N\in\underline{\underline{M}}'$.

DÉMONSTRATION.- Reprenons la f.a. M de la prop. 3, et soit $A=\langle M,M\rangle$; soit (Q_t) le semi-groupe déduit de (P_t) par le changement de temps associé à A . Les fonctions excessives étant les mêmes pour (P_t) et pour (Q_t), ce dernier semi-groupe admet une mesure de référence η, qui répond à la question d'après la prop.3.

§3. DEUX APPLICATIONS.

1.- Une application au mouvement brownien dans $\mathbb{R}^n$.

Nous continuons à suivre MOTOO et WATANABE.

Soit $X=(X^1,\dots,X^n)$ un mouvement brownien à n dimensions. Les n processus $M^1=X^1-X_0^1,\dots,M^n=X^n-X_0^n$ sont des éléments de $\underline{\underline{M}}'$ deux à deux orthogonaux, et on a $\langle M^i,M^j\rangle_t = \delta_{ij}t$. Soit f une fonction indéfiniment différentiable à support compact ; f appartient au domaine du générateur infinitésimal $A=\frac{1}{2}\Delta$, et la formule du changement de variable dans les intégrales stochastiques continues (exposé II , p.14) nous donne

$$C_t^f = f\circ X_t - f\circ X_0 - \int_0^t Af\circ X_s ds = \sum_{i=1}^n \int_0^t D^i f\circ X_s dM_s^i$$

a) Soit une f.a. $M\in\underline{\underline{M}}'$ orthogonale à $M^1,\dots,M^n$; il résulte de cette formule que M est aussi orthogonale à C^f, et on passe de là aux fonctionnelles $C^{p,g}$ ($p>0, g\in\underline{\underline{D}}$, puis $g\in\underline{\underline{C}}_0$), donc M est nulle d'après le th.6. Autrement dit, $M^1,\dots,M^n$ engendrent $\underline{\underline{M}}'$; mais elles sont orthogonales, de sorte que toute f.a. $N\in\underline{\underline{M}}'$ s'écrit $N^1+\dots+N^n$, où N^i est la projection de N sur le sous-espace $\underline{\underline{S}}(M^i)$. D'après le th. 5 (démonstration, a)), N^i est de la forme $h_i.M^i$, où $h_i\in\underline{\underline{L}}^2(M^i)$. Par conséquent

$$N = h_1.M^1 + \dots + h_n.M^n .$$

Cette formule de représentation est due à VENTZEL.

b) Supposons pour simplifier que le mouvement brownien soit issu de 0 (la simplification tient au fait que les M^i sont, dans ce cas, de vraies martingales de carré intégrable). Soit Y une variable aléatoire appartenant à $\underline{\underline{L}}^2(\mathbb{P}^0)$, et soit M une version continue à droite de la martingale $(\mathbb{E}[Y|\underline{\underline{F}}_t^0])$; d'après le th.6, $M^1,\dots,M^n$ engendrent au sens de l'exp.I l'espace $\underline{\underline{M}}$ relatif à $\mathbb{P}^0$, et on a donc $M - M_0 = H_1.M^1+H_2.M^2+\dots+H_n.M^n$, où $H_1\dots H_n$ sont des processus très bien-mesurables. Autrement dit

$$Y = \mathbb{E}[Y] + \int_0^\infty H_{1s}dX_s^1 + \dots + \int_0^\infty H_{ns}dX_s^n .$$

Cette formule de représentation des variables aléatoires relatives au mouvement brownien comme intégrales stochastiques est célèbre. Je suppose qu'elle est due à ITO.

2. Processus à accroissements indépendants et stationnaires.

On sait depuis LÉVY que la formule de LÉVY-KHINTCHINE admet une interprétation probabiliste très intéressante, liée à la structure du processus à accroissements indépendants et stationnaires associé à la loi indéfiniment divisible donnée. La démonstration que LÉVY donne de ce fait ne satisfait pas entièrement aux critères modernes de rigueur, mais il est facile de la justifier à partir de la formule de L-K supposée connue (voir par ex. le livre de DOOB). D'autre part, une démonstration purement probabiliste de la formule de L-K suivant les lignes de LÉVY a été donnée par ITO (voir son cours du Tata Institute). Les parentés entre le sujet que nous traitons ici et les idées de LÉVY (sommes compensées de sauts) étant évidentes, il est naturel de chercher à justifier la construction de LÉVY au moyen de la théorie des martingales. Cela vient d'être fait par KUNITA-WATANABE, mais nous allons en donner encore une autre démonstration, car la leur utilise un paragraphe de leur article (sur la structure de certaines fonctionnelles multiplicatives) qui n'a pas été exposé ici. Est il nécessaire de souligner que ces démonstrations sont beaucoup plus compliquées que les bonnes démonstrations analytiques de la formule de L-K (voir A.FUCHS) et même que les mauvaises ?

Nous commencerons par un résultat auxiliaire, qui étend un théorème donné par ITO dans son cours du Tata Institute, relatif au processus de Poisson.

DÉFINITION.- Soit (P_t) un semi-groupe de HUNT . On dit que (P_t) est un semi-groupe purement discontinu si toutes les martingales C^f (voir p. 13) sont des sommes compensées de sauts, quelle que soit la mesure initiale.

L'espace des fonctionnelles sommes compensées de sauts étant un sous-espace stable de $\underline{\underline{M}}'$, et en particulier fermé, on obtient une définition équivalente en remplaçant les C^f par les $C^{p,g}$ ($p>0$, $g\in\underline{\underline{C}}_0$). Par exemple, si les trajectoires des processus associés à

(P_t) sont constantes par morceaux (processus de Poisson, chaînes de Markov), (P_t) est purement discontinu. Plus généralement, si (P_t) est un semi-groupe sur $\underset{\sim}{R}$, dont les trajectoires sont p.s. des fonctions à variation bornée , et si le domaine du générateur infinitésimal de (P_t) contient les fonctions indéfiniment différentiables à support compact, alors (P_t) est purement discontinu, car toute martingale dont les trajectoires sont des fonctions à variation bornée est une somme compensée de sauts.

PROPOSITION 4.- *Soient* E *et* F *deux espaces localement compacts à base dénombrable*, (P_t) *et* (Q_t) *deux semi-groupes de* HUNT *sur* E *et* F *respectivement, tels que* (P_t) *soit purement discontinu*.

Soit $(\Omega,\underline{\underline{F}},\underset{\sim}{P})$ *un espace probabilisé complet, muni d'une famille croissante* $(\underline{\underline{F}}_t)$ *de sous-tribus de* $\underline{\underline{F}}$, *et soient* (X_t) *et* (Y_t) *deux processus continus à droite définis sur* Ω, *adaptés à la famille* $(\underline{\underline{F}}_t)$, *à valeurs dans* E *et* F *respectivement. On suppose*

a) *Que* (X_t) (*resp.* (Y_t)) *est markovien par rapport à la famille* $(\underline{\underline{F}}_t)$, *et admet* (P_t) (*resp.* (Q_t)) *comme semi-groupe de transition.*

b) *Que les trajectoires de* (X_t) *et* (Y_t) *n'ont p.s. pas de discontinuités communes.*

Alors les processus (X_t) *et* (Y_t) *sont conditionnellement indépendants relativement à la tribu* $\underline{\underline{F}}_0$.

DÉMONSTRATION.- Soit f (resp. g) une fonction qui appartient au domaine du générateur infinitésimal A (resp.B) de (P_t) (resp. (Q_t)). Soit C^f (resp. D^g) le processus

$$f\circ X_t - f\circ X_0 - \int_0^t Af\circ X_s ds$$

$$(\text{ resp. } g\circ Y_t - g\circ Y_0 - \int_0^t Bg\circ X_s ds)$$

Ce processus est p.s. continu à droite, et continu là où (X_t) est continu (resp. où (Y_t) est continu) : ces propriétés sont en effet satisfaites pour la réalisation canonique de (P_t) (resp. de (Q_t)), et s'étendent au processus (X_t) (resp. (Y_t)) du fait que la loi $\underset{\sim}{P}$ est complète. D'autre part, C^f et D^g sont des martingales continues à droite pour la famille $(\underline{\underline{F}}_t)$, donc aussi pour la famille $(\underline{\underline{G}}_t)$ obtenue en rendant $(\underline{\underline{F}}_t)$ continue à droite et complète. De plus,

C^f est une somme compensée de sauts, et n'a pas de discontinuité commune avec D^g : d'après une propriété fondamentale des sommes compensées de sauts (exposé I, th.6), C^f et D^g sont orthogonales.

Soient maintenant M et N deux variables aléatoires bornées, mesurables par rapport aux tribus engendrées respectivement par X et par Y. Soient (M_t),(N_t) des versions continues à droite des martingales $(\underset{\sim}{E}[M|\underline{\underline{G}}_t])$,$(\underset{\sim}{E}[N|\underline{\underline{G}}_t])$; d'après le th.6, (M_t) est limite dans $\underline{\underline{M}}$ de combinaisons linéaires d'intégrales stochastiques par rapport aux C^f (cela est vrai en effet pour les processus canoniques, et s'étend donc au cas présent) ; on a un résultat analogue pour (N_t) et les D^g. Il en résulte que (M_t) et (N_t) sont orthogonales. En particulier

$$\underset{\sim}{E}[MN|\underline{\underline{F}}_0] = \underset{\sim}{E}[M|\underline{\underline{F}}_0].\underset{\sim}{E}[N|\underline{\underline{F}}_0]$$

qui est le résultat cherché.

Dans ce qui suit, (X_t) sera un processus à accroissements indépendants et stationnaires, tel que $X_0=0$; plus précisément, (X_t) étant un processus de Markov sur $\underset{\sim}{R}$, admettant un semi-groupe de transition fellérien (P_t) constitué par des noyaux de convolution, nous pouvons supposer que X est le processus canonique issu de 0 . En particulier, les trajectoires de X sont continues à droite, pourvues de limites à gauche. Nous introduirons les notations suivantes :

étant donnée une partie borélienne I de la droite, telle que $\bar{I}$ ne contienne pas 0, nous poserons

$$X_t^I(\omega) = \sum_{s \leqq t} \Delta X_s(\omega) I_{\{\Delta X_s \in I\}}(\omega)$$

$$N_t^I(\omega) = \sum_{s \leqq t} I_{\{\Delta X_s \in I\}}(\omega)$$

Ces sommes ont un sens, car X n'a qu'un nombre fini de sauts appartenant à I sur $[0,t]$. Si $I=[a,b[$ ($0<a<b$, ou $a<b<0$), nous écrirons simplement X_t^{ab}, N_t^{ab} .

Le processus (N_t^I) est évidemment un processus à accroissements indépendants et stationnaires, continu à droite, dont les trajectoires croissent par sauts unité : d'après un théorème classique (qui n'est pas difficile à démontrer) , c'est un processus de Poisson . Il en résulte que N_t^I possède des moments de tous les ordres. En particulier, il existe une mesure positive λ et une seule sur $\mathbb{R}\setminus\{0\}$ telle que

$$\lambda([a,b[) = \mathbb{E}[N_1^{ab}] = \mathrm{Var}[N_1^{ab}]$$

Nous dirons que λ est la mesure de LÉVY associée au processus.

Considérons maintenant les deux processus

$$Y_t = X_t^H \quad \text{où } H =]-\infty, -1] \cup [1, +\infty[$$

$$Z_t = X_t - Y_t$$

Il est clair que ces deux processus sont des processus à accroissements indépendants et stationnaires, donc des processus de HUNT par rapport à la famille $(\underline{\underline{F}}_t)$ canonique de (X_t) ; d'autre part, les trajectoires de X n'ont qu'un nombre fini de sauts dont l'amplitude dépasse 1, sur tout intervalle fini, de sorte que Y est purement discontinu. La proposition 4 entraîne donc que <u>Y et Z sont indépendants</u>, et nous allons étudier séparément la structure de Y et de Z.

a) <u>Structure de Y</u> .- Soit (a_n) une subdivision dyadique, de pas 2^{-k}, de l'ensemble $[1,+\infty[$; la variable aléatoire $X_1^{1,+\infty}$ est évidemment limite p.s. des variables aléatoires $\sum_n a_n N_1^{a_n a_{n+1}}$ lorsque $k \to \infty$.

Mais le même raisonnement que ci-dessus montre que les v.a. $N^{a_n a_{n+1}}$ sont indépendantes, de sorte que la fonction caractéristique de $X_1^{1,+\infty}$ est limite de $\prod_n \exp[(e^{iua_n}-1)\lambda([a_n,a_{n+1}[)]$; elle est donc égale à

$\exp(\int_1^{\infty}(e^{iua}-1)\lambda(da))$. Autrement dit

$$(1) \quad \log \mathbb{E}[e^{iuY_1}] = \int_{]-\infty,-1]\cup[1,+\infty[} (e^{iua}-1)\lambda(da)$$

Cette formule signifie que Y est une "somme continue de processus de Poisson indépendants, le processus correspondant aux sauts d'amplitude a ayant un paramètre égal à $\lambda(da)$". La phrase entre guillemets est d'ailleurs susceptible d'un sens parfaitement précis,

grâce à la notion de mesure aléatoire poissonnienne, mais nous
n'insisterons pas sur ce point. Il est bon de remarquer explicite-
ment que, les processus $(N_t^{1,+\infty})$ et $(N_t^{-\infty,-1})$ étant des processus
de Poisson, et étant donc intégrables, la mesure λ est <u>bornée</u> sur
les intervalles $[1,\infty[$ et $]-\infty,-1]$.

b) <u>Structure du processus</u> (Z_t).

   Soit $n\in\underset{\sim}{N}$; nous poserons

$$Z_t^n = X_t^{I^n} - \underset{\sim}{E}[X_t^{I^n}] = X_t^{I^n} - t.\lambda(I^n)$$

où $I^n =]-1,-\frac{1}{n}]\cup[\frac{1}{n},1[$: Z^n est la somme compensée des sauts
de Z dont l'amplitude est comprise entre $\frac{1}{n}$ (inclus) et 1 ; les
calculs faits en a) permettent aussitôt de calculer l'espérance
de $(Z_t^n)^2$, qui est finie, et égale à la variance de X^{I^n} :

$$\underset{\sim}{E}[(Z_t^n)^2] = \underset{\sim}{E}[\sum_{s\leq t} (\Delta Z_s^n)^2 I_{\{|\Delta Z_s^n|\geq\frac{1}{n}\}}] = \int_{I^n} a^2 t\lambda(da).$$

Notons ensuite que les martingales $Z^{n+1}-Z^n$, sommes compensées de
sauts sans discontinuités communes, sont deux à deux orthogonales.
Pour vérifier que Z^n converge dans $\underset{\sim}{M}$ lorsque $n\to\infty$, il nous suffit donc de monter que l'espérance du milieu a une limite finie
lorsque $n\to\infty$, et nous aurons prouvé du même coup que la mesure
$a^2\lambda(da)$ est bornée au voisinage de 0.

   Pour établir ce point, choisissons un $v\neq0$ tel que la fonction
caractéristique $\phi(u) = \underset{\sim}{E}[\exp(iuZ_1)]$ ne s'annule pas pour $u=v$.
Posons
$$U_s = \frac{e^{ivZ_s}}{\phi(v)^s}$$

Le processus (U_s) est une martingale bornée (donc de carré intégrable) sur $[0,t]$, et on a par conséquent

$$\underset{\sim}{E}[\sum_{s\leq t} |\Delta U_s|^2] < \infty$$

Mais $|\Delta U_s|^2 = \frac{1}{(|\phi(v)|^2)^s}|e^{iv\Delta Z_s} -1|^2$;   comme $|\Delta Z_s| \leq 1$, cette quan-
tité majore $K|\Delta Z_s|^2$ (où K est une constante) et v a été choisi
strictement inférieur à $1/2\pi$ en valeur absolue ; d'où le résultat.

Désignons alors par $Z_t^{\bullet}$ la limite de Z_t^n (en moyenne quadratique) lorsque $n\to\infty$; le processus $(Z_t^{\bullet})$ est une martingale de carré intégrable (somme compensée de sauts), et aussi un processus à accroissements indépendants purement discontinu, indépendant de (Y_t). Nous avons

$$(2) \qquad \log \underset{\sim}{E}[e^{iuZ_1^{\bullet}}] = \int_{]-1,0[\cup]0,1[} (e^{iua}-1-iua)\lambda(da) \quad .$$

Enfin, le processus $Z_t^c = Z_t - Z_t^{\bullet}$ est un processus à accroissements indépendants à trajectoires continues : il est donc indépendant de Y et de Z$^{\bullet}$, et d'après un théorème classique(*) (qui n'est pas très facile à démontrer , malheureusement), Z_t^c est de la forme $Z_0^c+vt+B_t$, où v est une constante, et (B_t) un mouvement brownien issu de 0, indépendant de Z_0^c. Cela achève la décomposition.

(*) C'est le théorème limite central : $Z_1^c - Z_0^c$ est, pour tout n, la somme des v.a. indépendantes $H_i = Z^c_{\frac{i+1}{n}} - Z^c_{\frac{i}{n}}$, et $\underset{\sim}{P}\{\sup_i |H_i|>\varepsilon\} \to 0$ d'après la continuité uniforme des trajectoires. Si l'on savait que Z_1^c est intégrable, le théorème serait une conséquence facile de la prop.5, exposé II.

Université de Strasbourg
1966-67

Séminaire de Probabilités

INTÉGRALES STOCHASTIQUES IV

Cet exposé contient le point essentiel de la théorie de S. WATANABE (et co-auteurs) : la définition et les propriétés du noyau de LÉVY d'un processus de HUNT.

Le paragraphe I contient des résultats accessoires sur les temps terminaux. Il est recommandé de commencer la lecture au § I,n°3.

§ I. COMPLÉMENTS SUR LES TEMPS TERMINAUX

1. Une forme de la propriété de Markov des f. multiplicatives

Soit M une fonctionnelle multiplicative " ordinaire" (i.e. à valeurs dans l'intervalle [0,1], à trajectoires p.s. décroissantes et continues à droite) , et supposons que M soit exacte (cf les exposés sur les f.m. , [6],[7],[8])*. On a alors l'énoncé suivant, qui étend la propriété de Markov forte de M à des processus non canoniques.

Soit $(W,\underline{\underline{G}},\underset{\sim}{P})$ un espace probabilisé complet, muni d'une famille croissante et continue à droite $(\underline{\underline{G}}_t)$ de sous-tribus de $\underline{\underline{G}}$, et soit (Y_t) un processus markovien par rapport à la famille $(\underline{\underline{G}}_t)$, admettant (P_t) comme semi-groupe de transition, dont les trajectoires sont continues à droite et pourvues de limites à gauche. Pour tout $w\in W$, on note τw la trajectoire de w (on a $\tau w \in \Omega$).

Soit R un temps d'arrêt de la famille $(\underline{\underline{G}}_t)$. On a p.s.

(1) $\quad M_{R(w)+u}(\tau w) = M_{R(w)}(\tau w).M_u(\theta_{R(w)}\tau w)$ pour tout $u\geq 0$.

Schéma de la démonstration.- a) En vertu de la continuité à droite, il suffit de vérifier (1) p.s. pour chaque u fixé.

b) Les deux membres de (1) sont mesurables par rapport à la tribu engendrée par R et par les variables aléatoires Y_t (après complétion). Or celle-ci est contenue dans la tribu $\underline{\underline{H}}$ engendrée par $\underline{\underline{G}}_R$, et par les variables aléatoires Y_{R+t} , $t\geq 0$. En effet, l'application $(s,w)\mapsto Y_{R+s}(w)$ est mesurable par rapport à

---

*Ce qui suit s'étend en fait aux fonctionnelles fortement markoviennes, non nécessairement exactes.

$\underline{\underline{B}}(\mathbb{R}_+)\times\underline{\underline{H}}$, l'application $w \mapsto ((t-R(w))^+,w)$ est mesurable de $\underline{\underline{H}}$ vers $\underline{\underline{B}}(\mathbb{R}_+)\times\underline{\underline{H}}$; par composition, on voit que $Y_{t\vee R}$ est $\underline{\underline{H}}$-mesurable . Comme il en est de même pour R et $Y_{t\wedge R}$, Y_t est $\underline{\underline{H}}$-mesurable.

c) Pour vérifier (1), il suffit donc de multiplier les deux membres par une fonction de la forme $a(w).g_1\circ Y_{t_1}(w)\ldots g_n\circ Y_{t_n}(w)$, et de montrer que les résultats obtenus ont même espérance , si a est $\underline{\underline{G}}_R$-mesurable bornée, et si les g_i sont boréliennes bornées. On se ramène alors , par récurrence sur n, à vérifier que

$$\mathbb{E}[M_{R+u}(\tau w)f\circ Y_{R+u}(w)|\underline{\underline{G}}_R] = M_R(\tau w)Q_u(Y_R(w),f) \qquad p.s.$$

où f est borélienne bornée, et (Q_t) est le semi-groupe associé à (M_t). On se ramène enfin au cas où f est continue.

d) On fait une transformation de Laplace en u, et on est ramené au théorème d'arrêt de DOOB pour une martingale, continue à droite du fait que M est exacte. Voir [6], [7] ou [8].

Voici une conséquence utile :

PROPOSITION 1.- Soit M une fonctionnelle multiplicative exacte, et soient S et T deux temps d'arrêt de la famille (canonique) $(\underline{\underline{F}}_t)$, tels que $S\leq T$. On a alors p.s.

$$(2) \qquad M_u\circ\theta_S = M_{T-S}\circ\theta_S . M_{u-T}\circ\theta_T \quad \text{pour tout } u\geq T .$$

DÉMONSTRATION.- Appliquons le résultat précédent en prenant $W=\Omega$, $Y_t=X_{S+t}$, $\underline{\underline{G}}_t=\underline{\underline{F}}_{S+t}$, $\tau = \theta_S$, $R=T-S$.

2. Itération des temps d'arrêt. Temps terminaux.

Soient S et T deux temps d'arrêt de la famille $(\underline{\underline{F}}_t)$, et soit $U=T+S\circ\theta_T$; on vérifie sans peine ([7], chap.XIII, T19) que U est un temps d'arrêt, et que $\theta_U=\theta_S\circ\theta_T$.

Soit ν un temps d'arrêt ; les itérés de ν sont les temps d'arrêt définis par récurrence de la manière suivante

$$\nu_0 = 0, \quad \nu_1=\nu \quad , \quad \nu_{n+1} = \nu_n+\nu\circ\theta_{\nu_n} .$$

La proposition suivante a été énoncée dans l'exposé III sans aucune démonstration ; j'ai découvert dans le livre de BLUMENTHAL et GETOOR qu'elle était loin d'être évidente.

PROPOSITION 2.- Soit ν un temps terminal exact* (i.e., tel que la fonctionnelle multiplicative $M_t = I_{\{t<\nu\}}$ soit exacte) . Alors

a) $\nu_{n+p} = \nu_n + \nu_p \circ \Theta_{\nu_n}$ pour tout p

b) Si T est un temps d'arrêt, on a p.s.

(3) $T + \nu \circ \Theta_T = \nu_{n+1}$ sur l'ensemble $\{\nu_n \leqq T \leqq \nu_{n+1}\}$, et aussi sur le même ensemble

(4) $T + \nu_p \circ \Theta_T = \nu_{n+p}$

c) Le processus $B_t = \sum_{n>0} I_{\{\nu_n \leqq t\}}$ est une fonctionnelle additive (à valeurs dans $[0,+\infty]$) fortement markovienne.

DÉMONSTRATION (abrégée).- La propriété a) est vraie en fait pour tous les temps d'arrêt, et résulte aussitôt de la première phrase du n°2, par récurrence sur p. Pour établir (3) , on distingue le cas (trivial) où $\nu_n = T = \nu_{n+1}$, et le cas où $\nu_n \leqq T < \nu_{n+1}$. Dans ce dernier cas, on applique (2) aux temps d'arrêt ν_n et $T \vee \nu_n$, ce qui nous donne $M_u \circ \Theta_{\nu_n} = M_{u-T} \circ \Theta_T$ pour tout u, d'où le résultat. On déduit (4) de (3) par récurrence sur p, et c) se déduit aussitôt de (4).

Voici la seule proposition de ce paragraphe qui sera directement utilisée dans la suite. Rappelons que x est dit permanent pour le temps terminal ν si $\underset{\sim}{P}^x\{\nu>0\}=1$, et qu'un temps terminal ν pour lequel tout x est permanent est exact.

PROPOSITION 3.- Soit ν un temps terminal pour lequel tout $x \in E$ est permanent, et soient ν_n les itérés de ν. Soient ϕ la fonction p-excessive (p>0) $\underset{\sim}{E}^{\cdot}[\exp(-p\nu)]$, K_u l'ensemble finement fermé $\{\phi \leqq u\}$, où $0 \leqq u < 1$, et B la fonctionnelle additive

$$B_t = \sum_{n>0} I_{\{\nu_n \leqq t\}}$$

a) La fonctionnelle $I_K \cdot B$ admet un p-potentiel borné.

b) Si ϕ est régulière, il en est de même de la fonctionnelle $\dot{I}_K \cdot B$ (pour ces notations, cf. exposé III, §I, n°3).

---

*Ou plus généralement, fortement markovien.

DÉMONSTRATION.- Nous simplifierons les notations en écrivant K au lieu de K_u, en désignant par ν' le temps terminal égal à ν sur l'ensemble $\{X_\nu \in K\}$, à $+\infty$ sinon, et en notant B' la fonctionnelle $I_K.B$. Le p-potentiel de B' est égal à

$$P^p_{\nu'}1 + P^p_{\nu'}P^p_{\nu'}1 + P^p_{\nu'}P^p_{\nu'}P^p_{\nu'}1 + \dots$$

On a $P^p_\nu 1 = \phi \leqq u$ sur K, donc a fortiori $P^p_{\nu'}1 \leqq u$ sur K. Mais les mesures $P^p_{\nu'}(x,.)$ sont portées par K (finement fermé), donc $P^p_{\nu'}f \leqq P^p_{\nu'}1.(\sup_{x \in K} f(x))$ pour toute fonction borélienne positive. On a par conséquent aussi $\sup_{x\in K} P^p_{\nu'}f(x) \leqq u.(\sup_{x\in K} f(x))$. On en déduit aussitôt par récurrence que $(P^p_{\nu'})^n 1$ est majoré par u^{n-1} sur E, par u^n sur K, et il en résulte enfin que le p-potentiel de B' est majoré par $1/(1-u)$.

Supposons maintenant que ϕ soit une fonction p-excessive régulière. Choisissons deux nombres b,c tels que $0<u<b<c<1$. Comme ϕ est régulière, on a p.s. $\phi \circ X_{t-} = (\phi \circ X_t)_-$ pour tout t, donc $X_{\nu_n -} \in K_u \iff (\phi \circ X_{\nu_n})_- \leqq u$. On a par conséquent, si $X_{\nu_n -} \in K_u$, $\phi \circ X_t < b$ pour $t<\nu_n$ et suffisamment près de ν_n. Partageons maintenant en deux la somme dont l'espérance est le p-potentiel de $I_K.B$.

$$\sum_{n>0} I_{\{X_{\nu_n -} \in K_u\}} e^{-p\nu_n} \leqq \sum_{n>0} I_{\{X_{\nu_n} \in K_c\}} e^{-p\nu_n} +$$

$$+ \sum_{n>0} I_{\{X_{\nu_n -} \in K_u, X_{\nu_n} \notin K_c\}} e^{-p\nu_n} .$$

La première somme au second membre a une espérance au plus égale à $1/(1-c)$ d'après le raisonnement fait plus haut. Choisissons d'autre part un nombre $r>0$ assez petit pour que $b<ce^{-pr}$, et considérons la fonctionnelle additive

$$C_t = \sum_{n>0} I_{\{\nu_n \leqq t\ ,\ X_{\nu_n -} \in K_u,\ X_{\nu_n} \notin K_c\}}$$

La fonction $\underset{\sim}{E}^{\cdot}[C_r]$ est bornée : en effet, chaque saut de C sur l'intervalle $[0,r]$ correspond à une montée de la surmartingale $(e^{-pt}\phi \circ X_t)$ sur l'intervalle $(b, e^{-pr}c)$, et l'espérance du nombre de ces sauts vaut donc au plus $2/(e^{-pr}c-b)$ d'après l'inégalité de DOOB. Il en résulte que C a un p-potentiel borné (voir l'exposé III, §I, début du n°2). La proposition est démontrée.

REMARQUE.- Dire que ϕ est régulière revient à dire que le temps terminal ν est totalement inaccessible. En effet, supposons que ϕ soit régulière, et soit (T_n) une suite de temps d'arrêt qui converge en croissant vers ν. D'après un lemme de HUNT (cf.[7], chap.XV, T.20 , où l'on remplacera T_A par ν), $\phi\circ X_{T_n}$ tend p.s. vers 1 sur l'ensemble $\{\nu<\infty , T_n<\nu \text{ pour tout } n\}$; si ϕ est régulière, on a donc sur cet ensemble $\phi\circ X_{\nu-} = (\phi\circ X_\nu)_- = 1$, ce qui est impossible puisque ϕ est partout <1 . L'ensemble considéré est donc p.s. vide, et ν est totalement inaccessible.

Inversement, supposons ν totalement inaccessible, et désignons par $N(\omega)$ l'ensemble $\{\nu_p(\omega), p>0\}$. Soit (T_n) une suite croissante de temps d'arrêt, et soit $T=\lim_n T_n$; $T_n+\nu\circ\theta_{T_n}$ (resp. $T+\nu\circ\theta_T$) est le premier élément de N situé après T_n (resp. T). Ces points ne diffèrent que s'il existe un élément de N entre T_n et T (i.e., dans $]T_n,T]$. Or les temps d'arrêt ν_p sont totalement inaccessibles (utiliser le critère:S totalement inaccessible $\Leftrightarrow X_{S-}\neq X_S$ p.s. sur $\{S<\infty\}$). Il en résulte aussitôt que $T_n+\nu\circ\theta_{T_n} = T+\nu\circ\theta_T$ p.s. pour n assez grand, et donc que $\underset{\sim}{E}^\bullet[\exp(-pT_n)\phi\circ X^n_{T_n}]\to\underset{\sim}{E}^\bullet[\exp(-pT)\phi\circ X_T]$ Par conséquent, ϕ est bien régulière.

La proposition suivante (qui ne nous servira pas directement dans la suite) montre que l'on peut compenser la fonctionnelle B de la prop.3, bien que celle ci n'appartienne pas à $\underline{\underline{A}}'$. Les notations sont celles de la proposition 3.

PROPOSITION 4.- Supposons que ϕ soit régulière. Il existe alors une fonctionnelle additive positive finie et continue $\tilde{B}$, unique, telle que les fonctionnelles $\dot{I}_A.B$ et $\dot{I}_A.\tilde{B}$ soient associées pour tout ensemble borélien A tel que $\dot{I}_A.B \in\underline{\underline{A}}'$.

DÉMONSTRATION.- Posons $K_n = K_{1-1/n}$, désignons par B_n la fonctionnelle $\dot{I}_{K_n}.B$, qui appartient à $\underline{\underline{A}}'$ d'après la prop.3, et par $\tilde{B}_n$ la fonctionnelle continue associée à B_n. La relation $B_n=\dot{I}_{K_n}.B_{n+1}$ entraîne $\tilde{B}_n=\dot{I}_{K_n}.\tilde{B}_{n+1}$ (exposé I, prop.2). Il existe donc une fonctionnelle additive continue $\tilde{B}$*, unique du fait que $E=\bigcup_n K_n$, telle que $\tilde{B}_n = \dot{I}_{K_n}.\tilde{B}$ pour tout n. Pour montrer que $\tilde{B}$ est finie, il suffit de remarquer que, pour presque tout ω, l'image de tout intervalle compact $[0,t]$ par ω est contenue dans l'un des K_n . En effet, la fonction $s \mapsto \phi\circ X_s(\omega)$ est partout <1 , ainsi que sa limite à gauche $s \mapsto (\phi\circ X_s)_-(\omega)= \phi\circ X_{s-}(\omega)$: elle est donc bornée par un nombre < 1 sur $[0,t]$. La relation $\dot{I}_A.\tilde{B} \sim \dot{I}_A.B$ est vraie lorsque A est contenu dans l'un des K_n, et on en déduit aussitôt le cas général.

3. Fonctionnelles du type de Poisson.

Nous appellerons ainsi les fonctionnelles $(p_t)\in\underline{\underline{A}}'$, purement discontinues, quasi-continues à gauche :

(5) pour toute suite (T_n) de temps d'arrêt , qui converge en croissant vers un temps d'arrêt T, on a $\lim_n p_{T_n}=p_T$ p.s. sur $\{T<\infty\}$,

et dont tous les sauts sont égaux à 1. Nous désignerons par $\underline{\underline{P}}$ l'ensemble des fonctionnelles du type de Poisson.

On peut évidemment décrire toute fonctionnelle $p\in\underline{\underline{P}}$ de la manière suivante : soit ν l'instant du premier saut de p ; ν est un temps terminal totalement inaccessible (en vertu de la quasi-continuité à gauche) et tout point de E est permanent pour ν; On a alors $p_t = \sum_{n>0} I_{\{\nu_n \leq t\}}$.

THÉORÈME 1.- Soit $p\in\underline{\underline{P}}$; on a alors $\overset{c}{p} \in \underline{\underline{M}}'$ et $< \overset{c}{p},\overset{c}{p} > = \tilde{p}$ *.**

DEMONSTRATION.- Les temps d'arrêt ν_n définis plus haut sont p.s. tous distincts. Soit μ une mesure telle que $\underset{\sim}{E}^{\mu}[p_t]<\infty$ pour tout t (une mesure bornée par exemple) ; posons

---

(*) $\tilde{B}$ est continue du fait que ν est totalement inaccessible : B est un processus retors au sens de l'exposé I.(**) Aussi $[\overset{c}{p},\overset{c}{p}]=p$.

$$p_t^n = I_{\{t \geqq \nu_n\}} \;;$$

(p_t^n) est, pour la mesure $\underset{\sim}{P}^\mu$, un processus croissant intégrable retors - donc associé à un processus croissant intégrable continu $(\tilde{p}_t^n)$. Posons $\overset{c}{p}{}^n = p^n - \tilde{p}^n$; comme p^n est borné, $\overset{c}{p}{}^n$ est une martingale de carré intégrable ([3], chap.VIII, th.31), et on a $<\overset{c}{p}{}^n, \overset{c}{p}{}^n> = \tilde{p}^n$ (remarque suivant cet énoncé). D'autre part, les martingales $\overset{c}{p}{}^n$, sommes compensées de sauts sans discontinuités communes, sont deux à deux orthogonales. En sommant sur n, on voit alors que $\overset{c}{p}$ appartient à $\underline{\underline{M}}'$, et que $< \overset{c}{p}, \overset{c}{p} > = \tilde{p}$.

REMARQUE.- Nous avons vu (exp.III , prop.1) que la "valeur absolue" d'une fonctionnelle additive $A \in \underline{\underline{A}}'$ est une fonctionnelle additive. Etant données deux fonctionnelles A et B, cela nous permet aussitôt de définir une fonctionnelle C (que nous noterons $A \wedge B$ s'il n'y a pas de risque de confusion) telle que pour tout ω la mesure $dC_t(\omega)$ soit la borne inférieure des mesures $dA_t(\omega)$ et $dB_t(\omega)$ sur $\underset{\sim}{R}_+$. En particulier. si A et B sont deux fonctionnelles du type de Poisson, $A \wedge B$ est encore une fonctionnelle du type de Poisson, dont les sauts sont les <u>sauts communs</u> à A et à B . On a alors le résultat suivant, qui généralise le théorème 1 :

PROPOSITION 5.- <u>Soient</u> p <u>et</u> p' <u>deux fonctionnelles du type de Poisson ; alors</u>

(5) $$< \overset{c}{p} , \overset{c}{p}'> = \widetilde{p \wedge p'} \; .$$

DÉMONSTRATION.- Nous avons en effet $[\overset{c}{p}, \overset{c}{p}']_t = \sum_{s \leqq t} \Delta\overset{c}{p}_s \cdot \Delta\overset{c}{p}'_s = \sum_{s \leqq t} \Delta p_s \cdot \Delta p'_s$, puisque p et p' sont des sommes compensées de sauts ; cette somme est aussi égale à $(p \wedge p')_t$. Il ne reste plus qu'à remarquer que $< \overset{c}{p}, \overset{c}{p}'>$ est la fonctionnelle naturelle associée à $[p,p']$ (exposé I, §3, n°2).

§II. SEMI-GROUPES ET NOYAU DE LÉVY

1. Nous avons vu à la fin de l'exposé III qu'il existe une fonctionnelle additive H continue, positive, telle que

pour toute loi μ, toute martingale M de carré intégrable pour la loi P^{μ}, le processus croissant $< M,M >$ soit absolument continu par rapport à la fonctionnelle H.
(voir l'exposé III, §2, prop.3).

Nous dirons dans la suite de cet exposé que (P_t) est un semi-groupe de LÉVY si la fonctionnelle $H_t=t$ possède cette propriété. Cette terminologie n'est pas consacrée. La notion de semi-groupe de LÉVY nous servira surtout, dans la suite, à présenter sous une forme plus élégante certains énoncés qui valent en réalité pour tous les processus de HUNT (prop.6).

Pour vérifier que (P_t) est un semi-groupe de LÉVY , il suffit de vérifier que $< M,M >$ définit une mesure absolument continue par rapport à la mesure dt , pour des M très particulières :

a) soit μ une mesure bornée ; si des martingales $N^n \in \underline{\underline{M}}$ convergent dans $\underline{\underline{M}}$ (pour la mesure P^{μ}) vers une martingale N, alors $| < N^n,N^n> - <N,N >|_t \to 0$ dans L^1 pour tout t, comme le montre le calcul suivant

$$| < N^n,N^n> - <N,N>|_t \leqq 2|<N,N-N^n>|_t + < N-N^n,N-N^n>_t$$

et chacun de ces deux termes tend vers 0 dans L^1 (exp.I, prop.3). Quitte à faire une extraction de suite, on peut supposer que $|<N^n,N^n>-<N,N>|_t$ tend vers 0 p.s. pour tout t **entier** , donc pour tout t. Cette convergence préservant la continuité absolue, il en résulte qu'il suffit de vérifier que $<N,N>$ est absolument continue par rapport à dt lorsque N parcourt un ensemble **total** dans $\underline{\underline{M}}$. Par exemple, lorsque N est de la forme $(\underset{\sim}{E}[Y|\underline{\underline{F}}_t])$, où Y est $\underline{\underline{F}}^{\circ}$-mesurable et bornée.

b) Si $< N,N >$ est absolument continu par rapport à dt, et si H est un processus qui appartient à $\dot{L}^2(N)$, $< H.N,H.N > = H^2.<N,N>$ est aussi absolument continu par rapport à dt. Il suffit donc de faire la vérification pour les martingales $C^{p,g}$ de l'exposé III, §2, n°4 , qui engendrent $\underline{\underline{M}}$ au sens des sous-espaces stables.

PROPOSITION 6.- <u>Il existe un semi-groupe de LÉVY (L_t) tel que chacun des semi-groupes (L_t),(P_t) puisse se déduire de l'autre par changement de temps.</u>

DÉMONSTRATION.- Construisons la réalisation canonique de (P_t), et choisissons une fonctionnelle additive (H_t), possédant les propriétés rappelées au début de ce paragraphe. Quitte à remplacer H_t par $t+H_t$ si nécessaire, nous pouvons supposer que H est continue, strictement croissante, telle que $H_\infty = \infty$. Pour tout s, posons $c_s = \inf \{T : H_t > s\}$. On sait que c_s est un temps d'arrêt, que l'on a $c_0=0$, $c_{s+t} = c_s + c_t \circ \theta_{c_s}$ p.s. pour chaque couple (s,t).

Posons ensuite :

$$\underline{\underline{G}}_t = \underline{\underline{F}}_{c_t} \;,\; Y_t = X_{c_t} \;,\; L_t(x,f) = \underset{\sim}{E}^x[f \circ X_{c_t}]$$

pour f borélienne bornée. Il est bien connu que les noyaux L_t forment un semi-groupe markovien, que les processus (Y_t) forment, par rapport à la famille $(\underline{\underline{G}}_t)$, une réalisation de ce semi-groupe qui satisfait aux axiomes des processus de HUNT. Il en résulte que (L_t) est un semi-groupe de HUNT (i.e., la réalisation canonique de (L_t) est de HUNT).

Soit Z une variable aléatoire bornée, mesurable par rapport à $\underline{\underline{T}}(Y_s, s \geq 0)$, et soit (Z_t) une version continue à droite de la martingale $\underset{\sim}{E}[Z|\underline{\underline{F}}_t]$. Il existe un processus bien-mesurable K tel que l'on ait $< Z,Z > = K.H.$* Désignons par Z',K',H' les processus Z_{c_t}, K_{c_t}, $H_{c_t}=t$: le processus $Z^2 - <Z,Z>$ étant une martingale uniformément intégrable, le théorème d'arrêt de DOOB nous montre que $(Z^2_{c_t} - <Z,Z>_{c_t})$ est une martingale uniformément intégrable, donc $<Z',Z'>_t = <Z,Z>_{c_t} = (K.H)_{c_t} = (K'.H')_t$. Il en résulte que le processus croissant $<Z',Z'>$ est absolument continu par rapport à la mesure de Lebesgue. Cette propriété passe à la réalisation canonique de (L_t) (on pourra par exemple, pour le voir, utiliser la prop.1 de l'exposé I), et il en résulte que (L_t) est un semi-groupe de LÉVY.

---

* $(K.H)_t = \int_0^t K_s dH_s$

Il reste à voir que (P_t) peut, à son tour, être déduit de (L_t) par changement de temps. Le moyen le plus rapide (mais non le plus élémentaire !) pour s'en convaincre consiste à invoquer le théorème de BLUMENTHAL-GETOOR-McKEAN, suivant lequel deux semi-groupes qui ont mêmes mesures d'entrée dans les compacts peuvent se déduire l'un de l'autre par changement de temps. Cette hypothèse est évidemment satisfaite par (P_t) et (L_t).

2. Le noyau de LÉVY.

Nous supposons désormais que (P_t) est un semi-groupe de LÉVY, et nous désignons par η une mesure de référence bornée ($\eta(A)=0$ <=> A est de potentiel nul).

THÉORÈME 2.- Il existe un noyau n sur E, appelé noyau de LÉVY du semi-groupe de LÉVY (P_t) , tel que $n(x,\{x\})=0$ pour tout $x\in E$ et que l'on ait, pour toute fonction borélienne positive f sur $E\times E$

(6) $$\underset{\sim}{E}^{\cdot}[\sum_{s\leq t} f(X_{s-},X_s)I_{\{X_{s-}\neq X_s\}}] = \underset{\sim}{E}^{\cdot}[\int_0^t ds\int_E n(X_s,dy)f(X_s,y)].^{*}$$

DÉMONSTRATION.- Choisissons une distance d compatible avec la topologie de E, et introduisons, pour tout $m\in\underset{\sim}{N}$, le temps terminal totalement inaccessible

$$S^m = \inf \{ t : \tfrac{1}{m} > d(X_{t-},X_t) \geq \tfrac{1}{m+1} \}$$

Tous les points de E sont permanents pour S^m. Soit S^m_n le n-ième itéré de S^m . Nous introduirons la fonctionnelle additive retorse s^m définie par

$$s^m_t = \sum_{n>0} I_{\{S^m_n\leq t\}}$$

et nous désignerons par $\underline{\underline{G}}^m$ l'ensemble des parties boréliennes K de E telles que la fonctionnelle $I_K.s^m$ ait un p-potentiel borné pour tout p>0. D'après la prop.3, E est la réunion d'une suite d'éléments de $\underline{\underline{G}}^m$. La fonctionnelle $I_K.s^m$ étant du type de Poisson, la fonctionnelle $\widetilde{I_K.s^m}$ est égale à $\langle I_K.s^m,I_K.s^m\rangle$ (prop.5), et elle est donc absolument continue par rapport à la fonctionnelle additive $H_t=t$. On peut donc écrire, pour tout t et tout $K\in\underline{\underline{G}}^m$

(*) Il est plus naturel à certains égards d'écrire le second membre $\underset{\sim}{E}^{\cdot}[\int_0^t ds \int_E n(X_{s-},dy)f(X_{s-},y)]$.

(7) $\underset{w}{E^{\bullet}}[\sum_{s\leqq t} I_{\{\frac{1}{m} > d(X_{s-},X_s) \geqq \frac{1}{m+1}\}} I_{\{X_s \in K\}}] = \underset{w}{E^{\bullet}}[\int_0^t \bar{n}_m(X_s,K)ds]$

où $\bar{n}_m(.,K)$ est une fonction positive borélienne, définie à une fonction de potentiel nul près. Si $K \in \underline{\underline{G}}^m$ est réunion d'une suite (K_i) d'ensembles boréliens disjoints, on a évidemment $\sum_i \bar{n}_m(.,K_i) = \bar{n}_m(.,K)$ p.p. On en déduit (*) l'existence d'un noyau positif n_m tel qu'on ait, pour tout $K \in \underline{\underline{G}}^m$, $\bar{n}_m(.,K) = n_m(.,K)$ p.p..

Soit L un ensemble borélien ; les deux fonctionnelles sous les symboles $\underset{w}{E}$ dans (7) sont associées : le processus $(I_L \circ X_{s-})$ étant très bien-mesurable, la prop.2 de l'exposé I nous donne

(8) $$\underset{w}{E^{\bullet}}[\sum_{s\leqq t} I_{\{X_{s-} \in L\}} I_{\{\frac{1}{m} > d(X_{s-},X_s) \geqq \frac{1}{m+1}\}} I_{\{X_s \in K\}}]$$
$$= \underset{w}{E^{\bullet}}[\int_0^t I_{\{X_s \in L\}} n_m(X_s,K)ds]$$

où le remplacement de $\{X_{s-} \in L\}$ par $\{X_s \in L\}$ dans la seconde expression est bien légitime. L'argument habituel de classe monotone, et le fait que E est réunion d'une suite d'éléments de $\underline{\underline{G}}^m$, entraînent alors que l'on a, pour toute fonction borélienne positive f sur E×E

$$\underset{w}{E^{\bullet}}[\sum_{s\leqq t} f(X_{s-},X_s) I_{\{\frac{1}{m} > d(X_{s-},X_s) \geqq \frac{1}{m+1}\}}] = \underset{w}{E^{\bullet}}[\int_0^t ds \int_E n_m(X_s,y) f(X_s,y)].$$

Prenons pour f, en particulier, l'indicatrice du complémentaire C de $\{\frac{1}{m} > d(x,y) \geqq \frac{1}{m+1}\}$. Le premier membre étant nul, la fonction $\int_E n_m(.,dy) I_C(.,y)$ est nulle presque partout. Autrement dit, au prix d'une modification de $n_m(.,dy)$ sur un ensemble de potentiel nul, nous pouvons supposer que la mesure $n_m(x,dy)$ est portée, quel que soit $x \in E$, par l'ensemble $\{ y : \frac{1}{m} > d(x,y) \geqq \frac{1}{m+1}\}$. Nous

---

(*) Représenter E comme réunion d'une suite (K_j) d'éléments disjoints de G^m. Pour chaque j, et chaque $f \in \underline{C}_0(E)$, définir $\bar{n}_m(.,f.I_{K_j})$ par une formule analogue à (7). Au moyen d'une suite totale dans $\underline{C}_0$, construire une application linéaire $\geqq 0$ n_m^j de $\underline{C}_0$ dans l'espace des fonctions boréliennes finies, telle que $n_m^j(f) = \bar{n}_m(.,f.I_{K_j})$ p.p.; pour tout j, n_m^j est un noyau. Enfin, on somme sur j.

supposerons cela dans toute la suite.

Pour obtenir l'existence du noyau n, il suffit maintenant de sommer sur m. Reste à établir l'unicité. Prenons pour f l'indicatrice de l'ensemble $\{ \frac{1}{m} > d(x,y) \geqq \frac{1}{m+1}, y\epsilon K \}$, et désignons par n'_m le noyau

$$n'_m(x,dy) = n'(x,dy).I_{\{\frac{1}{m} > d(x,y) \geqq \frac{1}{m+1}\}}$$

La formule (6) entraîne alors

$$\underset{\sim}{E}^{\cdot}[\sum_{s\leqq t} I_{\{\frac{1}{m} > d(X_{s-},X_s) \geqq \frac{1}{m+1}\}} I_{\{X_s\epsilon K\}}] = \underset{\sim}{E}^{\cdot}[\int_0^t n'_m(X_s,K)ds]$$

$$= \underset{\sim}{E}^{\cdot}[\int_0^t n_m(X_s,K)ds]$$

Prenons $K\epsilon \underline{\underline{G}}^m$; toutes ces intégrales sont alors finies, et l'on voit que $n_m(x,K)=n'_m(x,K)$ pour presque tout x (th. d'unicité). La fin de la démonstration d'unicité est alors immédiate.

3. Construction de certains éléments de $\underline{\underline{M}}$

DÉFINITION.- Nous désignerons par Λ^1 l'ensemble des fonctions boréliennes f définies sur E×E, telles que

$$\underset{\sim}{E}^{\cdot}[\sum_{s\leqq t} |f(X_{s-},X_s)| I_{\{X_{s-}\neq X_s\}}] < \infty \text{ pour tout } t.$$

Nous désignerons alors par S(f) ou Sf l'élément de $\underline{\underline{A}}$ défini par

$$(9) \qquad (Sf)_t = \sum_{s\leqq t} f(X_{s-},X_s) I_{\{X_{s-}\neq X_s\}} .$$

L'ensemble des fonctions boréliennes f sur E×E telles que $f^2\epsilon\Lambda^1$ sera noté Λ^2.

Nous continuerons à noter H la fonctionnelle additive fondamentale (H_t=t). D'autre part, si f est borélienne positive sur E×E, nous noterons Nf la fonction borélienne sur E $\int n(\cdot,dy)f(\cdot,y)$.

THÉORÈME 3.- (*) a) Soit f un élément de Λ^1. La fonction Nf est alors définie p.p., appartient à $\underline{\underline{L}}^1(H)$, et on a

---

(*) S'étend aussitôt aux semi-groupes de HUNT par chang^t de temps

(10) $$\widetilde{S}f = (Nf).H$$

b) <u>Soit</u> $f\in\Lambda^2$, <u>et soit</u> $f_m = f.I_{\{\frac{1}{m}>f\geq\frac{1}{m+1}\}}I_{\{\frac{1}{m}>d\geq\frac{1}{m+1}\}}$; <u>on a</u> $f_m\in\Lambda^1$, <u>la fonctionnelle</u> $\overset{c}{S}f_m = Sf_m - \widetilde{S}f_m$ <u>appartient à</u> $\underline{\underline{A}}'\cap\underline{\underline{M}}'$. <u>Les fonctionnelles</u> $\overset{c}{S}f_m$ <u>sont deux à deux orthogonales, et la série</u> $\sum_m \overset{c}{S}f_m$ <u>converge dans</u> $\underline{\underline{M}}'$ <u>vers une fonctionnelle</u> $\overset{c}{S}f$.

c) <u>Soient</u> f <u>et</u> g <u>deux éléments de</u> Λ^2. <u>On a alors</u> $fg\in\Lambda^1$ <u>et</u>

(11) $$<\overset{c}{S}f,\overset{c}{S}g> = N(fg).H \quad .$$

DÉMONSTRATION.- L'assertion a) a déjà été établie pour des fonctions positives (c'est le théorème 2) , et le cas des fonctions de Λ^1 s'en déduit aussitôt par différence. Pour prouver b), prenons d'abord pour f une indicatrice d'ensemble, prenons $K\in\underline{\underline{G}}^m$ (notations de la démonstration du th.2) et posons $j_K(x,y)=I_K(y)$. La fonctionnelle $S(f_m j_K)$ est alors du type de Poisson, et la prop.5 nous donne

$$<\overset{c}{S}(f_m j_K),\overset{c}{S}(f_m j_K)> = S(f_m j_K) = N(f_m j_K).H$$

On en déduit sans peine que $<\overset{c}{S}(f_m j_K),\overset{c}{S}(f_m j_K)> = N(f_m^2 j_K).H$ lorsque f est une combinaison linéaire finie d'indicatrices, puis lorsque f est borélienne bornée. Supposons que f appartienne à Λ^2 ; l'inégalité $|f_m|\leq(m+1)f^2$ entraîne $f_m\in\Lambda^1$, d'où l'existence de $\overset{c}{S}f_m$, et on a évidemment encore $<\overset{c}{S}(f_m j_K),\overset{c}{S}(f_m j_K)> = N(f_m^2 j_K).H$, car f_m est bornée. Choisissons une suite (K_p) d'éléments de $\underline{\underline{G}}^m$, deux à deux disjoints, de réunion E, et sommons sur p. Les martingales $\overset{c}{S}(f_m j_{K_p})$ sont des sommes compensées de sauts sans discontinuités communes, donc deux à deux orthogonales, et la série $\sum_p <\overset{c}{S}(f_m j_{K_p}),\overset{c}{S}(f_m j_{K_p})>$ converge dans $\underline{\underline{A}}'$; il en résulte que $\sum_p \overset{c}{S}(f_m j_{K_p})$ converge dans $\underline{\underline{M}}'$. Nous désignerons sa somme par $\overset{c}{S}(f_m)$; on a évidemment $<\overset{c}{S}f_m,\overset{c}{S}f_m> = N(f_m^2).H$. On somme à nouveau, sur m, et le même raisonnement montre que $\overset{c}{S}f$ existe, et prouve la relation $<\overset{c}{S}f,\overset{c}{S}f> = N(f^2).H$, d'où l'on déduit aussitôt (11).

Le théorème suivant donne un exemple fondamental de fonction de Λ^2.

THÉORÈME 4.- Soient p un nombre ≥ 0, u_1 et u_2 deux fonctions p-excessives bornées, et $u=u_1-u_2$. Posons $f(x,y)=u(y)-u(x)$ sur ExE. Alors $f\in\Lambda^2$ et

$$(12) \qquad \underset{\sim}{E}^{\cdot}[\int_0^\infty e^{-2pt}d<\overset{c}{S}f,\overset{c}{S}f>_t] = \underset{\sim}{E}^{\cdot}[\int_0^\infty N(f^2)\circ X_t e^{-2pt}dt]$$

$$\leq 2\|u\|_\infty(\|u_1\|_\infty + \|u_2\|_\infty)$$

DÉMONSTRATION.- Notons d'abord que u_1,u_2,f sont boréliennes d'après l'hypothèse de continuité absolue. Désignons par A_1 et A_2 les fonctionnelles additives naturelles dont les p-potentiels sont u_1 et u_2 respectivement, et posons $A=A_1-A_2$. La fonctionnelle

$$M_t = u\circ X_t - u\circ X_0 + \int_0^t (dA_s - p.u\circ X_s)ds$$

est une martingale de carré intégrable (pour toute loi $\underset{\sim}{P}^x$) du fait que u_1 et u_2 sont bornées ([3], chap.VII, th.24), et nous avons pour l'intégrale stochastique $K_t=\int_0^\infty e^{-ps}dM_s$ l'expression

$$K_t = e^{-pt}u\circ X_t - u\circ X_0 + \int_0^t e^{-ps}dA_s$$

(exposé II, th.1). Nous avons alors

$$\underset{\sim}{E}[\int_0^\infty e^{-2ps}d<M,M>_s] = \underset{\sim}{E}[(\int_0^\infty e^{-ps}dM_s)^2] = \underset{\sim}{E}[K_\infty^2]$$

$$= \underset{\sim}{E}[\int_0^\infty(\int_0^\infty e^{-ps}dA_s)^2]$$

Calculons cette intégrale par la "formule de l'énergie". Elle vaut

$$\underset{\sim}{E}[\int_0^\infty e^{-ps}(u\circ X_s + (u\circ X_s)_-)e^{-ps}dA_s] \leq 2\|u\|_\infty \underset{\sim}{E}^{\cdot}[\int_0^\infty e^{-ps}|dA_s|]$$

$$\leq 2\|u\|_\infty(\|u_1\|_\infty + \|u_2\|_\infty)$$

Mais nous savons aussi (exposé I, prop.4) que

$$\underset{\sim}{E}[\sum_{r\leq s\leq t}\Delta M_s^2] \leq \underset{\sim}{E}[(M_t-M_r)^2] \leq \underset{\sim}{E}[<M,M>_t - <M,M>_r]$$

et par conséquent aussi

$$\underset{\sim}{E}[\sum_s e^{-2ps}\Delta M_s^2] \leq \underset{\sim}{E}[\int_0^\infty e^{-2ps}d\langle M,M\rangle_s]$$

Les sauts d'une martingale étant totalement inaccessibles, la première somme ne porte que sur des s tels que $X_{s-} \neq X_s$. Pour un tel s on a $\Delta A_s=0$, puisque A est une fonctionnelle naturelle, donc $\Delta M_s = u\circ X_s - (u\circ X_s)_- = u\circ X_s - u\circ X_{s-}$ (l'ensemble des (s,ω) tels que $u\circ X_{s-}(\omega)\neq(u\circ X_s)_-(\omega)$ est une réunion de graphes de temps d'arrêt accessibles) ; ainsi $\Delta M_s=f(X_{s-},X_s)$, et il vient donc

$$\underset{\sim}{E}[\sum_s f^2(X_{s-},X_s)I_{\{X_{s-}\neq X_s\}}e^{-2ps}] \leq 2\|u\|_\infty(\|u_1\|_\infty+\|u_2\|_\infty)$$

relation équivalente à l'énoncé, car le premier membre vaut aussi $\underset{\sim}{E}[\int_0^\infty e^{-2ps}N(f^2)\circ X_s ds]$ d'après le th. 2.

4. Structure de certaines fonctionnelles

Le lecteur pourra s'assurer que les résultats qui suivent s'étendent, par changement de temps, aux semi-groupes de HUNT.

Nous avons vu dans l'exposé I qu'il y avait identité entre les sommes compensées de sauts, d'une part, et d'autre part les martingales de carré intégrable orthogonales à toute martingale continue. Nous allons voir ici un résultat analogue pour les éléments de $\underline{\underline{M}}'$ (bien entendu, les théorèmes qui suivent sont encore dus à WATANABE).

THÉORÈME 5.- Soit $\overset{c}{\underline{\underline{S}}}$ l'ensemble des fonctionnelles de la forme $\overset{c}{S}f$, $f\in\Lambda^2$, $\overset{c}{\underline{\underline{S}}}$ est l'orthogonal dans $\underline{\underline{M}}'$ de l'ensemble $\underline{\underline{M}}'_c$ des fonctionnelles continues de $\underline{\underline{M}}'$.

DÉMONSTRATION.- Les fonctionnelles $\overset{c}{S}f$ sont des sommes compensées de sauts, elles sont donc orthogonales à toute martingale continue. L'orthogonal $\underline{\underline{M}}'_d$ de $\underline{\underline{M}}'_c$ contient donc $\overset{c}{\underline{\underline{S}}}$. Pour montrer l'inclusion inverse, nous procèderons en trois lemmes.

LEMME 1.- Le sous espace stable de $\underline{\underline{M}}'$ engendré par $\overset{c}{\underline{\underline{S}}}$ est $\underline{\underline{M}}'_d$.

DÉMONSTRATION.- Soit $g\in\underline{\underline{C}}_0$, et soit $p>0$; posons $u=U^pg$, $f(x,y)=u(y)-u(x)$. Nous avons vu (th.4) que f appartient à Λ^2. La martingale

$$C_t^{p,g} = u\circ X_t - u\circ X_0 + \int_0^t (g-pu)\circ X_s ds$$

a les mêmes sauts que $\overset{c}{S}f$. Autrement dit, $C^{p,g}-\overset{c}{S}f \in \underline{\underline{M}}_c^!$. Soit alors M une fonctionnelle , appartenant à $\underline{\underline{M}}_d^!$ mais orthogonale à $\overset{c}{\underline{\underline{S}}}$; M est alors orthogonales aux fonctionnelles $C^{p,g}$, et le th. 6' de l'exposé III entraîne que M=0.

Il reste donc seulement à voir que $\overset{c}{\underline{\underline{S}}}$ est un sous-espace stable, ce qui fait l'objet des deux lemmes suivants.

LEMME 2.- Soit $f\in\Lambda^2$, et soit g une fonction borélienne bornée sur E. Soit f' la fonction $(x,y)\mapsto g(x)f(x,y)$ sur E×E. On a alors $g.\overset{c}{S}f = \overset{c}{S}f'$. (Par conséquent $M\in\overset{c}{\underline{\underline{S}}} \Rightarrow g.M\in\overset{c}{\underline{\underline{S}}}$).

DÉMONSTRATION.- Comme $\overset{c}{S}f$ est une somme compensée de sauts, il en est de même de $g.\overset{c}{S}f$, et le saut de cette martingale à l'instant s est égal à $g\circ X_{s-}\Delta(\overset{c}{S}f)_s = g\circ X_{s-}f(X_{s-},X_s)I_{\{X_{s-}\neq X_s\}}$ (*)$=$ $f'(X_{s-},X_s)I_{\{X_{s-}\neq X_s\}}$. On a $f'\in\Lambda^2$, puisque g est bornée. Les deux martingales $\overset{c}{S}f'$ et $g.\overset{c}{S}f$ sont donc des sommes compensées de sauts qui ont même sauts ; elles sont donc égales.

LEMME 3.- Soit (M^p) une suite d'éléments de $\overset{c}{\underline{\underline{S}}}$ qui converge dans $\underline{\underline{M}}'$ vers une fonctionnelle M ; on a alors $M\in\overset{c}{\underline{\underline{S}}}$.

DÉMONSTRATION.- Choisissons des fonctions $f_p\in\Lambda^2$ telles que $M^p= \overset{c}{S}f_p$ pour tout p. Les fonctionnelles M^p convergeant dans $\underline{\underline{M}}'$, on a

$$(13)\qquad \lim_{\substack{p\to\infty\\ q\to\infty}} \underset{\sim}{E}^x[\int_0^t N((f_p-f_q)^2)\circ X_s\, ds] = 0 \text{ pour tout } x \text{ et tout } t.$$

Introduisons sur E×E les mesures

$$\mu_{x,t}(f) = \underset{\sim}{E}^x[\int_0^t Nf\circ X_s] \qquad (\text{ f borélienne positive })$$

et aussi

$$m(x,t) = \sup_p \mu_{x,t}(f_p^2)$$

(*) Si M est une martingale, si $H\in\underline{\underline{L}}^2(M)$ est un processus très-bien-mesurable, on a $\Delta(H.M)_s = H_s.\Delta M_s$ (**exposé I , th.8**).

Comme $\mu_{x,t}(f_p^2) = \underset{\sim}{E}^x[(M_t^p)^2]$, m(.,t) est mesurable et finie. Fixons un t>0, et choisissons une mesure de référence bornée η telle que m(.,t) soit η-intégrable. Soit ν la mesure $\int \mu_{x,t} d\eta(t)$. Il résulte de (13) et du théorème de Lebesgue que la suite (f_p) est une suite de Cauchy dans $L^2(\nu)$; comme ν est σ-finie (th.2 et prop.3), on peut supposer (quitte à extraire une sous-suite) que la suite (f_p) converge ν-presque partout vers une fonction borélienne f, telle que $|f| \leq \liminf_p |f_p|$. Cela entraîne $f \in \Lambda^2$ d'après le lemme de Fatou. Soit A la fonctionnelle additive positive $< \overset{c}{S}f-M, \overset{c}{S}f-M >$; on a

$$\underset{\sim}{E}^\eta[A_t] = \underset{\sim}{E}^\eta[(\overset{c}{S}f-M)_t^2] = \lim_p \underset{\sim}{E}^\eta[(\overset{c}{S}(f-f_p))_t^2] = \lim_p \nu((f-f_p)^2)=0$$

Il n'est pas difficile de vérifier que la fonction $\underset{\sim}{E}^{\cdot}[A_t]$ est finement continue ; comme elle est nulle presque partout, elle est nulle partout ; comme t est >0, on en déduit A=0, donc $\overset{c}{S}f=M$. Cela établit le théorème.

THÉORÈME 6.- <u>Soit</u> A <u>une fonctionnelle additive, positive, purement discontinue et quasi-continue à gauche</u> (<u>pour toute suite</u> $T_n \uparrow T$ <u>de temps d'arrêt, on a</u> $A_T = \lim_n A_{T_n}$ <u>p.s.</u>). <u>Il existe alors une fonction borélienne positive</u> f <u>sur</u> E×E, <u>telle que</u> A <u>soit indistinguable de la fonctionnelle</u>

$$Sf_t = \sum_{s \leq t} f(X_{s-},X_s) I_{\{X_{s-} \neq X_s\}}$$

DÉMONSTRATION.- A étant purement discontinue est la somme des fonctionnelles A^m :

$$A_t^m = \sum_{s \leq t} \Delta A_s \cdot I_{\{\frac{1}{m} > \Delta A_s \geq \frac{1}{m+1}\}}$$

Il suffit d'établir le théorème pour chacune d'elles. Autrement dit, de traiter le cas où les sauts de A sont bornés supérieurement et inférieurement. <u>Nous faisons cette hypothèse dans la suite</u>. Soit ensuite $\nu = \inf\{t : \Delta A_t \neq 0\}$; ν est un temps terminal totalement inaccessible, et tout point de E est régulier pour ν.

D'après la prop.3, comme les sauts de A sont bornés supérieurement, E est la réunion d'une suite (K_p) d'ensembles disjoints, boréliens, tels que les fonctionnelles A^p

$$A_t^p = \sum_{s \leq t} \Delta A_s . I_{\{X_s \in K_p\}}$$

admettent, pour tout q>0, un q-potentiel borné. Il suffit donc de traiter le cas où A possède cette propriété.

On peut alors définir la fonctionnelle continue $\tilde{A}$, et la fonctionnelle compensée $\overset{c}{A}$, qui appartient à $\underline{\underline{M}}'$ d'après le th.1, et le fait que les sauts de A sont bornés supérieurement et inférieurement. D'après le th.5, il existe une fonction borélienne $g \in \Lambda^2$ telle que $A-\tilde{A} = \overset{c}{S}g$; comme $\tilde{A}$ est continue, les sauts de A sont ceux de $\overset{c}{S}g$. Autrement dit, A étant la somme de ses sauts (et aussi la somme des valeurs absolues de ses sauts, puisque ceux-ci sont positifs !)

$$A_t = \sum_{s \leq t} |g(X_{s-}, X_s)| I_{\{X_{s-} \neq X_s\}}$$

Il ne reste plus qu'à poser $f=|g|$.

5.- Relation entre le noyau de LÉVY et le générateur infinitésimal.

Ce numéro est particulièrement important, puisqu'il permet de calculer explicitement le noyau de LÉVY dans certains cas. Les relations entre le noyau de LÉVY, les mesures harmoniques, et le générateur apparaissent pour la première fois dans un article de IKEDA-WATANABE (J.Math. Kyoto, 1962). On consultera l'article [5] de WATANABE pour une situation plus générale que celle que nous traitons ici.

Supposons que E soit une variété C^∞ , et que les fonctions de $\underline{\underline{C}}_c^\infty$ (indéfiniment différentiables à support compact) appartiennent au domaine du générateur infinitésimal A de (P_t). Soient alors $x \in E$, $f \in \underline{\underline{C}}_c^\infty(E \setminus \{x\})$ (i.e., à support disjoint de x) ; si f est positive, $Af(x) = \lim_{t \to 0} \frac{1}{t} P_t f(x)$ est positive, et il existe donc une mesure positive a(x,dy) sur $E \setminus \{x\}$ telle que si $f \in \underline{\underline{C}}_c^\infty(E\setminus\{x\})$ $\quad Af(x) = \int_{E\setminus\{x\}} a(x,dy)f(y)$

Les mesures $\frac{1}{t}P_t(x,dy)$ sur $E\setminus\{x\}$ convergent donc vaguement vers $a(x,dy)$, et on a si $f\in\underline{\underline{C}}_c(E\setminus\{x\})$, $\lim_{t\to 0} \frac{1}{t}P_t(x,f)=a(x,f)$. Nous considérerons dans toute la suite $a(x,dy)$ comme une mesure sur E telle que $a(x,\{x\}) = 0$ pour tout x - ce n'est pas une mesure de Radon en général.

Montrons que a définit un noyau. Choisissons des fonctions ≥ 0 $g_n(x,y)$, appartenant à $\underline{\underline{C}}_c((E\times E)\setminus D)$ - où D désigne la diagonale- et tendant vers 1 en croissant sur $(E\times E)\setminus D$. Si f est continue bornée sur E, on a

$$\int_E a(x,dy)g_n(x,y)f(y) = \lim_{t\to 0} \frac{1}{t}\int P_t(x,dy)g_n(x,y)f(y)$$

Le second membre est une fonction mesurable ; il en résulte que le premier l'est aussi si f est borélienne bornée, puis borélienne positive. On fait alors tendre n vers $+\infty$.

Ceci étant établi, on a le résultat suivant

THÉORÈME 7.- Sous les hypothèses ci-dessus, (P_t) est un semi-groupe de LÉVY, dont a est un noyau de LÉVY.

DÉMONSTRATION.- a) Soient W un ouvert, F le complémentaire de W, x un point de F, f une fonction de $\underline{\underline{C}}_c^\infty(W)$; le processus

$$Y_t= e^{-pt}f\circ X_t - f\circ X_0 - \int_0^t e^{-ps}(Af-pf)\circ X_s ds$$

est une martingale bornée continue à droite, et $Y_0=0$; on a donc $\underset{\sim}{E}[Y_{T_W}] = 0$. Autrement dit,

$$\underset{\sim}{E}^x[\exp(-pT_W)f\circ X_{T_W}] = \underset{\sim}{E}^x[\int_0^{T_W} e^{-ps}(Af-pf)\circ X_s ds]$$

Comme $x\in F$, f est nulle avant T_W, et $Af\circ X_s = a(X_s,f)$ avant T_W. Ainsi

$$\underset{\sim}{E}^x[\exp(-pT_W)f\circ X_{T_W}] = \underset{\sim}{E}^x[\int_0^{T_W} e^{-ps}a(X_s,f)ds]$$

On en déduit aussitôt que les deux processus croissants bornés A et B définis par

$$A_t = f\circ X_{T_W} I_{\{0<T_W\le t\}} e^{-pT_W}$$
$$B_t = \int_0^{t\wedge T_W} e^{-ps} a(X_s,f)ds$$

sont associés. On a donc pour tout processus Z très-bien-mesurable

$$\underset{\sim}{E}^{\bullet}[\int_0^{\infty} Z_u dA_u] = \underset{\sim}{E}^{\bullet}[\int_0^{\infty} Z_u dB_u]$$

Prenons en particulier $Z_s = I_C\circ X_{s-}$, où C est borélien. Il vient

$$\underset{\sim}{E}^{\bullet}[e^{-pT_W} I_C\circ X_{T_W -} f\circ X_{T_W} I_{\{0<T_W\}}] = \underset{\sim}{E}^{\bullet}[\int_0^{T_W} e^{-pu} I_C\circ X_{u-} a(X_u,f)du]$$

Cette relation s'étend au cas où f est borélienne bornée à support compact dans W. On en déduit alors que, si f est borélienne bornée sur E×E, et si K est un compact de W, on a

$$\underset{\sim}{E}^{\bullet}[e^{-pT_W} f(X_{T_W -},X_{T_W}) I_K\circ X_{T_W} I_{\{0<T_W\}}] = \underset{\sim}{E}^{\bullet}[\int_0^{T_W} e^{-pu} du \int_E a(X_{u-},y) f(X_{u-},y) I_K(y)]$$

Enfin, grâce à un passage à la limite monotone, on étend cette formule au cas où f est borélienne positive quelconque, et on y remplace K par W : ainsi

(14) $$\underset{\sim}{E}^{\bullet}[e^{-pT_W} f(X_{T_W -},X_{T_W}) I_{\{X_{T_W}\in W,\, 0<T_W\}}] = \underset{\sim}{E}^{\bullet}[\int_0^{T_W} e^{-pu} du \int_E a(X_u,y) f(X_u,y)]^{(*)}$$

Choisissons maintenant un nombre >0, et désignons par ν_h le temps terminal $\inf\{t: d(X_0,X_t)>h\}$. Prenons un $x\in E$, et appliquons la formule précédente, en prenant pour W l'ouvert $\{y : d(x,y)>h\}$, et pour f la fonction borélienne sur E×E

$$I_C(u) I_{\{d(u,v)>2h\}} I_B(v)$$

où B et C sont des parties boréliennes de E. On a $T_W = \nu_h$ $\underset{\sim}{P}^x$-p.s., et on peut supprimer l'indicatrice $I_W\circ X_{T_W}$ de la première intégrale : en effet, si $f(X_{T_W -},X_{T_W})\neq 0$, on a $d(X_{T_W -},X_{T_W})>2h$, et comme $d(x,X_{T_W -})\le h$ on a $d(x,X_{T_W})>h$. Par conséquent :

$$\underset{\sim}{E}^x[\exp(-p\nu_h) I_C\circ X_{\nu_h -} I_{\{d(X_{\nu_h -},X_{\nu_h})>2h\}} I_B\circ X_{\nu_h}]$$
$$= \underset{\sim}{E}^x[\int_0^{\nu_h} e^{-pu} du \int_E a^h(x,dy) I_C(X_s) I_B(y)]$$

(*) L'indicatrice $I_W(y)$ a été supprimée, car $y\in W$ avant T_W. On a remplacé aussi X_{u-} par X_u, ce qui ne change rien.

où $a^h(x,dy) = a(x,dy)I_{\{d(x,y)>2h\}}$. La propriété de Markov forte nous donne des formules analogues avec les itérés v_h^n de v_h. Comme ces itérés tendent vers l'infini avec n, il vient en sommant sur n

$$E^{\bullet}_{w}[\sum_s e^{-ps} I_C \circ X_{s-} I_{\{d(X_{s-},X_s)>2h\}} I_B \circ X_s] =$$

$$E^{\bullet}_{w}[\int_0^{\infty} e^{-pu} du \int_E a^h(X_u,dy) I_C(X_u) I_B(y)]$$

Grâce à la prop.3, on peut inverser la transformation de Laplace lorsque B est assez petit, ce qui nous donne

$$E^{\bullet}_{w}[\sum_{s\leq t} I_C \circ X_{s-} I_{\{d(X_{s-},X_s)>2h\}} I_B \circ X_s] =$$

$$E^{\bullet}_{w}[\int_0^t du \int_E a^h(X_u,dy) I_C(X_u) I_B(y)]$$

On passe de là , par un argument de classe monotone , à une formule analogue où $I_C(x)I_B(y)$ est remplacée par $f(x,y)$, f borélienne bornée, nulle pour $y\notin K$ (où K est donné par la prop.3). Ensuite, au cas où f est borélienne positive quelconque. Enfin, en faisant tendre h vers 0, on obtient la formule (6) du th.2, et le théorème est démontré.

BIBLIOGRAPHIE COMPLÉMENTAIRE

(les n°s 1 à 5 figurent à la fin de l'exposé I).

[6]. MEYER (P.A.)- Fonctionnelles multiplicatives et additives de Markov. Ann. Inst. Fourier, Grenoble,12, 1962.

[7]. MEYER (P.A.)- Processus de Markov , Lecture Notes in Math. n°26, 1967 (le chapitre XVI, consacré aux fonctionnelles multiplicatives, a été multigraphié ultérieurement à l'Institut de Mathém. de Strasbourg).

[8]. BLUMENTHAL et GETOOR.- Livre à paraître sur les processus de Markov.

Université de Strasbourg
Séminaire de probabilités

SUR UN THÉORÈME DE DENY

par P.A.Meyer

Soient $(E,\underline{\underline{E}})$ un espace mesurable, (U_p) une résolvante sous-markovienne sur E, satisfaisant à l'hypothèse de continuité absolue : il existe une mesure bornée $\mu \geqq 0$, telle que les relations $(\mu(A)=0)$, (A est un ensemble de potentiel nul), soient équivalentes. On a alors le théorème suivant, établi par DENY [1] en théorie classique du potentiel newtonien :

THÉORÈME.- Soit (u_n) une suite de fonctions surmédianes par rapport à (U_p). Il existe une suite (u_{n_k}) extraite de (u_n), et une fonction excessive u, telles que u_{n_k} converge vers u presque partout (i.e., sauf sur un ensemble de potentiel nul).(*)

DÉMONSTRATION.- Il suffit de traiter le cas où les u_n sont bornées : pour obtenir le cas général, on appliquera le résultat aux fonctions surmédianes bornées $u_n \wedge p$ $(p \in \mathbb{N})$, et on utilisera le procédé diagonal. Nous supposerons donc $u_n \leqq 1$ pour tout n.

La boule unité de $L^{\infty}(\mu)$ étant compacte pour la topologie faible $\sigma(L^{\infty},L^1)$, on peut extraire de la suite (u_n) une suite (u_{n_k}) qui converge pour cette topologie : l'argument est familier : soit $\underline{\underline{A}}$ une algèbre de Boole dénombrable qui engendre la tribu engendrée par les u_n ; on construit par le procédé diagonal une suite (u_{n_k}) telle que les intégrales $\int_A u_{n_k} d\mu$ convergent pour tout $A \in \underline{\underline{A}}$. Alors la suite (u_{n_k}) converge faiblement.

Désignons par $\bar{u}$ une fonction mesurable, égale μ-p.p. à la limite de cette suite (nous simplifierons les notations en écrivant u_k au lieu de u_{n_k}). La mesure $\varepsilon_x U_p$ étant bornée, absolument continue par rapport à μ, nous avons $\lim_k \langle \varepsilon_x U_p, u_k \rangle = \langle \varepsilon_x U_p, \bar{u} \rangle$, ou

$$\lim_k \; pU_p u_k = pU_p \bar{u}$$

Mais nous avons $u_k \geqq pU_p u_k$ presque partout , donc $\bar{u} \geqq pU_p \bar{u}$ p.p..

(*) Un théorème voisin de celui-ci est énoncé dans [2], pour la résolvante associée à un très bon semi-groupe (th.5.8, p.206). **Mais la démonstration est malheureusement obscure, et comporte une lacune.**

La fonction $\bar{u}$ est donc " presque-surmédiane", et une adaptation immédiate du raisonnement de [3], chap.IX, th.60, montre que la fonction $u = \lim_{p\to\infty} pU_p\bar{u}$ est excessive, égale à $\bar{u}$ presque partout. Evidemment u_k converge aussi faiblement vers $\bar{u}$.

Comme $pU_p u_k \leq u_k$ presque partout, nous avons $pU_p\bar{u} \leq \liminf_k u_k$ presque partout , d'où en faisant tendre p vers $+\infty$

$$u = \lim_k u_k \text{ (au sens faible) } ; \ u \leq \liminf_k u_k$$

D'après le <u>lemme</u> ci-dessous, la suite u_k converge fortement vers u dans L^1; il existe donc une suite extraite qui converge presque partout vers u, et le théorème est démontré.

On remarquera que le lemme est énoncé sous une forme plus générale qu'il n'est nécessaire (topologie $\sigma(L^1,L^\infty)$ au lieu de $\sigma(L^\infty,L^1)$). On l'appliquera, bien entendu, aux fonctions $w_k=u_k-u$.

LEMME.- <u>Soit</u> μ <u>une mesure de probabilité, et soit</u> (w_n) <u>une suite uniformément intégrable</u>(*) <u>d'éléments de</u> $L^1(\mu)$. <u>On suppose que</u> $w_n \to 0$ <u>faiblement (topologie</u> $\sigma(L^1,L^\infty)$<u>) et que</u> $\liminf_n w_n \geq 0$. <u>Alors</u> $w_n \to 0$ <u>fortement dans</u> $L^1(\mu)$.

DÉMONSTRATION.- Soit $\varepsilon>0$. Choisissons $\eta>0$ tel que $\mu(A)<\eta$ entraîne $\int_A |w_n|d\mu < \varepsilon$ quel que soit n (intégrabilité uniforme). Puis choisissons un entier N assez grand pour que l'on ait $\mu(A_N) > 1-\eta$, en posant

$$A_N = \{x\in E \ : \ \inf_{n\geq N} w_n(x) < -\varepsilon\}$$

Enfin, la suite w_n convergeant faiblement vers 0, choisissons $N' \geq N$ tel que la relation $n\geq N'$ entraîne $\int_{A_N} w_n d\mu < \varepsilon$. Nous avons alors si $n\geq N'$

$$\int_E |w_n|d\mu \leq \int_{A_N} |w_n|d\mu + \int_{E\setminus A_N} |w_n|d\mu \leq \int_{A_N} |w_n+\varepsilon|d\mu + \int_{A_N} \varepsilon d\mu +$$

$$\int_{E\setminus A_N} |w_n|d\mu \leq \int_{A_N} |w_n+\varepsilon|d\mu + \varepsilon + \int_{E\setminus A_N} |w_n|d\mu$$

La dernière intégrale est au plus égale à ε , puisque $\mu(E\setminus A_N)<\eta$.

(*)Cette hypothèse est en réalité une conséquence de la relation $w_n \to 0$ faiblement (critère de Dunford-Pettis).

La première intégrale est égale, d'après la définition de A_N, à $\int_{A_N} (w_n+\varepsilon)d\mu \leq \int_{A_N} w_n d\mu + \varepsilon \leq 2\varepsilon$, d'où finalement $\int |w_n| d\mu \leq 4\varepsilon$ si $n \geq N'$, cqfd.

BIBLIOGRAPHIE

[1] DENY(J.).- Sur la convergence des suites de potentiels. C.R. Acad. Sci.t.218, 1944, p.497-499.

[2] MEYER(P.A.).- Fonctionnelles multiplicatives et additives de Markov. Ann.Inst.Fourier,t.12, 1962, p.125-230.

[3] MEYER(P.A.).- Probabilités et Potentiel. Blaisdell Publ.Co, Boston ; Hermann, Paris, 1966.

DÉPARTEMENT DE MATHÉMATIQUE
STRASBOURG

Séminaire de Probabilités Novembre 1966

RETOURNEMENT DU TEMPS DANS LES PROCESSUS MARKOVIENS

(par M. Weil)

1. - INTRODUCTION .

Soit $(X_t)_{t\geq 0}$ un processus markovien de fonction de transition $(P_t)_{t>0}$ et de loi initiale μ , et soit $U_o = \int_0^\infty P_t\,dt$. Si le noyau U_o est un noyau diffusion propre, si le semi-groupe (P_t) est fellérien et s'il existe un semi-groupe fellérien $(\hat{P}_t)$ en dualité avec (P_t) par rapport à la mesure μU_o , NAGASAWA (Nagoya Math. J. 24 (1964) 177-204) montre que le processus obtenu par retournement du temps à partir d'un certain "temps de retour" R est markovien, homogène dans le temps et que sa fonction de transition est justement $(\hat{P}_t)$; en particulier elle ne dépend pas de R .

2. - NOTATIONS .

Soient E un espace localement compact à base dénombrable, ∂ un point isolé adjoint à E et $E' = E \cup \{\partial\}$. On note $\mathcal{B}$ (resp. $\mathcal{B}'$) la tribu borélienne sur E (resp. E') . Toutes les fonctions définies sur E seront étendues à E' en leur donnant la valeur 0 au point ∂ .

Soit $(P_t)_{t>0}$ un semi-groupe de noyaux sous-markoviens sur $(E,\mathcal{B})$. Ce semi-groupe est rendu markovien sur $(E',\mathcal{B}')$ de la manière canonique. On le supposera fellérien.

Un processus markovien, de loi initiale μ, admettant (P_t) comme semi-groupe de transition sera un système $(W, \mathcal{G}, (\mathcal{G}_t)_{t\in\mathbb{R}_+}, (Y_t)_{t\in\mathbb{R}_+}, \underset{\sim}{P}^{\mu})$ où $(W, \mathcal{G}, \underset{\sim}{P}^{\mu})$ est un espace probabilisé, où $(\mathcal{G}_t)_{t\in\mathbb{R}_+}$ est une famille croissante de sous-tribus de $\mathcal{G}$, où chaque Y_t est une variable aléatoire $\mathcal{G}_t$-mesurable à valeurs dans $(E',\mathcal{B}')$, et où la loi $\underset{\sim}{P}^{\mu}$ vérifie les propriétés :

1) $\underset{\sim}{P}^{\mu}\{Y_0\in A\} = \mu(A) \qquad (A\in\mathcal{B}')$

2) $\underset{\sim}{E}^{\mu}[f\circ Y_t \mid \mathcal{G}_s] = P_{t-s}(Y_s, f) \qquad (f\geq 0,\ \mathcal{B}'\text{-mesurable}\ ;\ s\leq t)$.

La famille de systèmes $(W, \mathcal{G}, (\mathcal{G}_t), (Y_t), \underset{\sim}{P}^{\mu})_{\mu\in\rho}$, où ρ est l'ensemble des lois de probabilité sur E', est une réalisation de (P_t) si :

a) Pour chaque loi $\mu\in\rho$ le processus obtenu en munissant $(W,\mathcal{G})$ de la loi $\underset{\sim}{P}^{\mu}$ est un processus markovien admettant μ comme loi initiale.

b) Pour tout $A\in\mathcal{G}$ la fonction : $x \longmapsto \underset{\sim}{P}^{x}(A)$ est mesurable (on note $\underset{\sim}{P}^{x}$ la mesure $\underset{\sim}{P}^{\varepsilon_x}$), et on a :

$$\underset{\sim}{P}^{\mu}(A) = \int \underset{\sim}{P}^{x}(A)\,\mu(dx).$$

Réalisation canonique.

Nous allons maintenant particulariser le système $(W,\mathcal{G},(\mathcal{G}_t),(Y_t),\underset{\sim}{P}^{\mu})$. Pour cela, nous désignerons par Ω l'ensemble des applications continues à droite, et ayant une limite à gauche, de $\mathbb{R}_+$ dans E' qui gardent la valeur ∂ à partir du premier instant où elles l'atteignent. On désigne par $X_t(\omega)$ la valeur d'un élément ω de Ω à l'instant t, par $\zeta(\omega)$ la durée de vie :

inf $(t : X_t(\omega) = \partial)$ et par $\mathfrak{F}^\circ$ (resp. $\mathfrak{F}_t^\circ$) la tribu engendrée par les applications X_s, $s \in \mathbb{R}_+$ (resp. X_s, $s \leq t$).

Le semi-groupe (P_t) étant fellérien, pour toute loi μ sur $(E', \mathcal{B}')$ il existe une loi $\underset{\sim}{P}^\mu$ sur $(\Omega, \mathfrak{F}^\circ)$ pour laquelle le processus (X_t) est markovien et admet μ comme loi initiale.

Cette loi $\underset{\sim}{P}^\mu$ est unique. Soient $\mathfrak{F}^\mu$ la tribu obtenue en complétant $\mathfrak{F}^\circ$ pour la loi $\underset{\sim}{P}^\mu$, et $\mathfrak{F}_t^\mu$ la tribu constituée des éléments de $\mathfrak{F}^\mu$ ne différant d'un élément de $\mathfrak{F}_t^\circ$ que par un ensemble $\underset{\sim}{P}^\mu$-négligeable. Désignons encore par

$$\mathfrak{F} = \bigcap_{\mu \in P} \mathfrak{F}^\mu \qquad \mathfrak{F}_t = \bigcap_{\mu} \mathfrak{F}_t^\mu \quad .$$

Si l'on désigne toujours par $\underset{\sim}{P}^\mu$ l'extension de cette loi à $\mathfrak{F}^\mu$ ou $\mathfrak{F}$, on vérifie que le système $(\Omega, \mathfrak{F}, (\mathfrak{F}_t), (X_t), \underset{\sim}{P}^\mu)$ est une réalisation de (P_t) qu'on appellera la réalisation canonique de (P_t).

3. - NOYAUX EN DUALITÉ.

Définition - Deux noyaux sous-markoviens M et $\widehat{M}$ sont en dualité par rapport à une mesure m sur E si, quelles que soient les fonctions mesurables et bornées f, g sur E, on a la relation :

$$\int Mf.\, g \, dm = \int f.\, \widehat{M}g \, dm \quad .$$

Comme exemple très simple, on peut considérer les deux noyaux :

$$M(x, dy) = p(x, y)\, m(dy) \qquad \widehat{M}(x, dy) = p(y, x)\, m(dy)$$

qui sont en dualité par rapport à la mesure m. ($p(x, y)$ désigne ici une fonction positive mesurable de (x, y)).

Deux semi-groupes (resp. résolvante) $(P_t)_{t \geq 0}$ et $(\hat{P}_t)_{t \geq 0}$ (resp. $(U_p)_{p \geq 0}$ et $(\hat{U}_p)_{p \geq 0}$) sur l'espace $(E, \mathcal{B})$ seront dits en dualité par rapport à une mesure m sur E si les noyaux P_t et $\hat{P}_t$ (resp. U_p et $\hat{U}_p$) sont en dualité par rapport à m, pour tout $t \in \mathbb{R}_+$ (resp. $p \in \mathbb{R}_+$).

Nous supposerons dans toute la suite que μ est une loi de probabilité sur E, que (P_t) et $(\hat{P}_t)$ sont deux semi-groupes fellériens sur E, de résolvantes respectives $(U_p$ et $(\hat{U}_p)$, que la mesure $m = \mu U_o$ est de Radon, et que (P_t) et $(\hat{P}_t)$ sont en dualité par rapport à m.

Nous allons maintenant définir les instants où l'on pourra retourner le processus, de manière à obtenir encore un processus markovien et homogène dans le temps.

4. - TEMPS DE RETOUR.

Définition 4.1.- Une application R de Ω dans $\bar{\mathbb{R}}_+$ est un temps de retour si elle possède les propriétés suivantes :

(r_o) R est $\mathcal{F}$-mesurable et $R \leq \zeta$

(r_1) si $s < R(\omega)$ alors $R(\omega) = s + R(\theta_s(\omega))$

(r_2) si $s > R(\omega)$ alors $R(\theta_s(\omega)) = 0$.

Intuitivement, un temps de retour est l'instant où un certain phénomène se produit pour la dernière fois.

Il est clair que la durée de vie ζ du processus (X_t) est un temps de retour.

Comme autre exemple, en désignant par

$$S_D(\omega) = \sup\,(t \geq 0\ ,\ X_t(\omega) \in D) \qquad\qquad D \subset E$$
$$= 0 \quad \text{si l'ensemble de ces } t \text{ est vide}$$

(le dernier temps de sortie du sous-ensemble D de E) , nous avons la

Proposition 4. 1. - Le dernier temps de sortie d'un sous-ensemble borélien D de E est un temps de retour .

Démonstration.

Les axiomes (r_1) et (r_2) sont évidents . Montrons l'axiome (r_o) lorsque D est ouvert : on a

$$\{ t < S_D \} = \{ \text{il existe } r \in \mathbb{Q}_+\ ,\ t < r\ ,\ X_r(\omega) \in D \}$$

car les trajectoires du processus sont continues à droite . Le dernier ensemble appartient à $\mathfrak{F}$.

Lorsque D n'est pas ouvert, il faut utiliser la théorie des ensembles analytiques .

5. - RETOURNEMENT DU TEMPS DANS LES PROCESSUS MARKOVIENS HOMOGÈNES .

Soit R un temps de retour ; posons :

$$(5.1) \qquad Y_t(\omega) = \begin{cases} \partial & \text{si } R(\omega) = +\infty \quad \text{ou} \quad R(\omega) \leq t \\ X_{R(\omega)-t}(\omega) & \text{si } t < R(\omega) < \infty \end{cases}$$

et désignons par $\hat{X}_t(\omega)$ la limite à droite $Y_{t_+}(\omega)$.

Définition 5.1 .- Le processus $((\hat{X}_t)_{t>0}, \underset{\sim}{P}^\mu)$ défini sur l'espace $(\Omega, \mathfrak{F})$ est appelé le processus en retournant $(X_t, \underset{\sim}{P}^\mu)$ à l'instant R (ou, plus brièvement, le processus retourné à R).

Le caractère markovien du processus $(\hat{X}_t, \underset{\sim}{P}^\mu)$ se déduira du lemme suivant , intéressant par lui-même .

Lemme 5.1. - Soient $(t_i)_{1\le i\le n}$ une suite croissante de nombres réels strictement positifs, et $f_1,\dots,f_n$, g une suite de fonctions sur E' , continues , bornées et nulles au point ∂ . On a alors la relation suivante :

$$
(5.2)\quad
\begin{aligned}
&\underset{\sim}{E}^\mu [\int_{t_n}^{\infty} dt\, e^{-bt} e^{-aR} f_1 \circ Y_{t_1} \dots f_n \circ Y_{t_n} \; g \circ Y_t] \\
&= \underset{\sim}{E}^\mu [\int_0^{\infty} ds\, e^{-as} g \circ X_s \; \underset{\sim}{E}^{X_s} [e^{-(a+b)R} f_1 \circ Y_{t_1} \dots f_n \circ Y_{t_n}]] .
\end{aligned}
$$

Preuve . On a

$$
I = \int_{t_n}^{\infty} dt\, e^{-bt} e^{-aR} f_1 \circ Y_{t_1} \dots f_n \circ Y_{t_n} \cdot g \circ Y_t
$$

$$
= 1_{\{t_n<R<\infty\}} \int_{[t_n, R[} dt\, e^{-bt} e^{-aR} f_1 \circ Y_{t_1} \dots f_n \circ Y_{t_n} \; g \circ Y_t
$$

car sur l'ensemble $\{t \ge R\}$ (resp. $\{R \le t_n\}$, $\{R = \infty\}$) nous avons :

$$
\begin{aligned}
& g \circ Y_t = g(\partial) = 0 \qquad \text{d'après } (5.1) \\
\text{(resp.}\quad & f_n \circ Y_{t_n} = f_n(\partial) = 0 \qquad \text{d'après } (5.1) , \\
& e^{-aR} = 0 \text{)}
\end{aligned}
$$

ce qui entraîne l'apparition de l'indicatrice et la restriction de l'intervalle d'intégration .

En posant $s = R - t$, I s'écrira :

$$I = 1_{\{t_n < R < \infty\}} \int_0^{R-t_n} ds\, e^{-b(R-s)}\, e^{-aR}\, f_1 \circ Y_{t_1} \dots f_n \circ Y_{t_n}\, g \circ Y_{R-s} \ .$$

Mais nous avons :

$$g \circ Y_{R-s} = g \circ X_s \ .$$

D'autre part :

$$e^{-b(R-s)}\, e^{-aR} = e^{-b(R \circ \theta_s)}\, e^{-a(S+R \circ \theta_s)}$$

$$= e^{-as}\, e^{-(a+b)R \circ \theta_s}$$

car $s < R$ sur $\{t_n < R < \infty\}$ puisque $s \leq R - t_n < R$.

Enfin on a la relation :

$$f_i \circ Y_{t_i} = f_i \circ Y_{t_i} \circ \theta_s \qquad \text{sur } \{t_n < R < \infty\} \ .$$

En effet, sur ce dernier ensemble, on a $Y_{t_i}(\omega) = X_{R(\omega)-t_i}(\omega)$. Or $Y_{t_i}(\theta_s(\omega))$ est, soit égal à $X_{R(\theta_s(\omega))-t_i}(\theta_s(\omega))$, soit égal à ∂ d'après (5.1) ; mais cette dernière possibilité est à exclure car elle a lieu lorsque $R(\theta_s(\omega))$ est infini (resp. inférieur à t_i) et ce n'est pas possible puisque $s < R(\omega) < \infty$ (resp. puisque $s < R(\omega)$, ce qui entraîne : $R \circ \theta_s(\omega) = R(\omega) - s$, mais $R(\omega) - s > t_i$ car $s < R(\omega) - t_n$). Par conséquent $Y_{t_i}(\theta_s(\omega))$ est égal à $X_{R(\omega)-t_i}(\omega)$.

Nous avons donc obtenu :

$$I = 1_{\{t_n < R < \infty\}} \int_0^{R-t_n} ds\, e^{-as}\, g \circ X_s\, e^{-(a+b)R \circ \theta_s}\, f_1 \circ Y_{t_1} \circ \theta_s \dots f_n \circ Y_{t_n} \circ \theta_s \ .$$

Dans cette expression, l'indicatrice peut être supprimée et l'intégration peut avoir lieu de zéro à l'infini. En effet d'une part, pour l'indicatrice, ou bien R est infini et par conséquent $R \circ \theta_s$ l'est également, ou bien $R \leq t_n$, mais comme $s < R$ dans l'intégrant, cela entraîne $R \circ \theta_s \leq t_n$: dans les deux cas, la fonction sous le signe intégral :

$$e^{-(a+b)R\circ\theta_s} f_n \circ Y_{t_n} \circ \theta_s$$

est nulle. Nous pouvons donc supprimer l'indicatrice.

D'autre part, pour l'intégration de zéro à l'infini, $f_n \circ Y_{t_n} \circ \theta_s$ n'est non nul que si $Y_{t_n} \circ \theta_s$ est différent de ∂, par conséquent. si $t_n < R \circ \theta$. Trois cas sont alors possibles : ou $s < R$ et donc $R \circ \theta_s = R - s$ et par suite $s < R - t_n$, ou $s = R$ et alors la fonction sous le signe somme à une intégrale nulle sur l'ensemble $\{s = R\}$, ou enfin $s > R$, mais ce cas est exclu car il entraînerait que $R \circ \theta_s = 0$ et donc $t_n < 0$ ce qui est absurde. On peut donc intégrer de zéro à l'infini.

La démonstration du lemme 5.1 s'achève alors en considérant l'espérance $\underset{\sim}{E}^{\mu}[I]$ et en utilisant la propriété de Markov simple.

<u>Corollaire 5.1.</u> - Soient $(t_i)_{1\leq i \leq n}$ une suite croissante de nombres réels strictement positifs, et $f_1, \ldots, f_n, g$ une suite de fonctions sur E', continues, bornées et nulles au point ∂. On a alors la relation suivante :

$$\begin{aligned} &\underset{\sim}{E}^{\mu}[\int_{t_n}^{\infty} dt\; e^{-bt}\, e^{-aR}\, f_1 \circ \hat{X}_{t_1} \ldots f_n \circ \hat{X}_{t_n}\; g \circ \hat{X}_t] \\ (5.3)\qquad &= \underset{\sim}{E}^{\mu}[\int_0^{\infty} ds\; e^{-as}\; g \circ X_s\; \underset{\sim}{E}^{X_s}[e^{-(a+b)R} f_1 \circ \hat{X}_{t_1} \ldots f_n \circ \hat{X}_{t_n}]] . \end{aligned}$$

Preuve . Cela résulte du fait que le processus (X_t) est continu à droite et à des limites à gauche, et par conséquent l'ensemble des t tels que $\underset{\sim}{P}^{\mu}\{Y_t \neq \hat{X}_t\} > 0$ est dénombrable .

Ce corollaire va nous permettre de montrer le résultat principal de cet exposé .

Théorème 5. 1. - Soit $((X_t), \underset{\sim}{P}^{\mu})$ un processus markovien, homogène dans le temps et admettant comme fonction de transition un semi-groupe fellérien (P_t) . Supposons que le noyau $U_o = \int_0^{\infty} P_t \, dt$ soit un noyau diffusion propre et qu'il existe un semi-groupe fellérien $(\hat{P}_t)$ qui soit en dualité avec (P_t) par rapport à la mesure μU_o . Soit enfin R un temps de retour .

Alors le processus $(\hat{X}_t, \underset{\sim}{P}^{\mu})$ retourné du processus $(X_t, \underset{\sim}{P}^{\mu})$ à l'instant R est un processus markovien, homogène dans le temps et dont la fonction de transition est $(\hat{P}_t)$.

On notera que $(\hat{X}_t)$ n'est défini que pour $t > 0$ en général .

On remarquera que les résolvantes (U_p) , $(\hat{U}_p)$, associées aux semi-groupes (P_t) , $(\hat{P}_t)$, sont également en dualité par rapport à la mesure μU_o .

Démonstration du théorème . -

Il suffit de montrer l'égalité, où $0 < t < u$:

(5.4) $$A(t,u) = B(t,u)$$

avec

$$A(t,u) = \underset{\sim}{E}^{\mu}[f_1 \circ \hat{X}_{t_1} \ldots f_n \circ \hat{X}_{t_n} \; g \circ \hat{X}_t \; h \circ \hat{X}_u]$$

et $$B(t,u) = \underset{\sim}{E}^{\mu}[f_1 \circ \hat{X}_{t_1} \ldots f_n \circ \hat{X}_{t_n} \; g \circ \hat{X}_t \; \hat{P}_{u-t}(\hat{X}_t, h)]$$

où $f_1, \ldots, f_n, g, h$ sont des fonctions sur E', continues, bornées et nulles en ∂ et où la suite $(t_1, t_2, \ldots, t_n, t, u)$ vérifie : $0 < t_1 \leq t_2 \leq \ldots \leq t_n \leq t < u$. (En effet, cela entraînera la même relation lorsque les $f_1, \ldots, f_n, g, h$ sont continues sur E).

Les deux membres de (5.4) sont des fonctions continues à droite en u sur $]t, \infty[$ car le semi-groupe $(\hat{P}_t)$ est fellérien et la mesure $\underset{\sim}{P}^\mu$ est bornée. Il suffit donc de prouver l'égalité de leurs transformées de Laplace $\mathcal{L}A$ et $\mathcal{L}B$ en u.

En utilisant le corollaire 5.1 on obtient :

$$\begin{aligned}
\mathcal{L}A &= \underset{\sim}{E}^\mu\left[\int_t^\infty f_1 \circ \hat{X}_{t_1} \ldots f_n \circ \hat{X}_{t_n}\, g \circ \hat{X}_t\, e^{-au}\, h \circ X_u\, du\right] \\
(5.5) \qquad &= \underset{\sim}{E}^\mu\left[\int_0^\infty h \circ X_s\, ds\; E^{X_s}\left[e^{-aR} f_1 \circ \hat{X}_{t_1} \ldots f_n \circ \hat{X}_{t_n}\; g \circ \hat{X}_t\right]\right] \\
&= \int (\mu U_0)(dx)\; h(x)\, w_t(x)
\end{aligned}$$

où $w_t(x) = \underset{\sim}{E}^x\left[e^{-aR} f_1 \circ \hat{X}_{t_1} \ldots f_n \circ \hat{X}_{t_n}\, g \circ \hat{X}_t\right]$.

D'autre part :

$$\begin{aligned}
\mathcal{L}B &= \int_t^\infty \underset{\sim}{E}^\mu\left[f_1 \circ \hat{X}_{t_1} \ldots f_n \circ \hat{X}_{t_n}\; g \circ \hat{X}_t\; \hat{P}_{u-t}(\hat{X}_t, h)\right] e^{-au}\, du \\
(5.6) \qquad &= \underset{\sim}{E}^\mu\left[f_1 \circ \hat{X}_{t_1} \ldots f_n \circ \hat{X}_{t_n}\; g \circ X_t\; \hat{U}_a h \circ \hat{X}_t\right] e^{-at}
\end{aligned}$$

Or les deux fonctions (5.5) et (5.6) sont continues à droite en t sur $]t_n, \infty[$: pour (5.6) cela résulte du caractère fellérien du semi-groupe $(\hat{P}_t)$: $\hat{U}_a h$ est une fonction continue ; tandis que pour (5.5) c'est évident. Par conséquent, il suffit de vérifier l'égalité de leur transformée de Laplace $\mathcal{L}\mathcal{L}A$ et $\mathcal{L}\mathcal{L}B$ en t. Mais on a

$$\int_{t_n}^{\infty} e^{-bt}\, w_t(x)\, dt = \underset{\sim}{E}^x[\int_{t_n}^{\infty} e^{-bt}\, dt\, e^{-aR}\, f_1 \circ \hat{X}_{t_1} \dots f_n \circ \hat{X}_{t_n}\; g \circ \hat{X}_t]$$

$$= \underset{\sim}{E}^x[\int_0^{\infty} e^{-as}\, g \circ X_s\, ds\, \underset{\sim}{E}^{X_s}[e^{-(a+b)R} f_1 \circ \hat{X}_{t_1} \dots f_n \circ \hat{X}_{t_n}]]$$

d'après le corollaire 5, 1 . La dernière expression vaut :

$$U_a\,(x\,,\, g\,.\, k_{ab})$$

avec

$$k_{a\,b}(x) = \underset{\sim}{E}^x[\, e^{-(a+b)R}\, f \circ \hat{X}_{t_1} \dots f_n \circ \hat{X}_{t_n}] \,.$$

On en déduit que :

$$\mathcal{L}\mathcal{L}A = \int (\mu U_o)(dx)\, h(x)\;\; U_a(x, g. k_{a\,b})$$

$$= \int (\mu\, U_o)(dx)\; \hat{U}_a\,(x, h)\; g(x)\; k_{a\,b}(x)$$

puisque les résolvantes (U_p) et $(\hat{U}_p)$ sont en dualité par rapport à $\mu\, U_o$. Enfin, en utilisant à nouveau le corollaire 6, 1 $\mathcal{L}\mathcal{L}B$ est égal à :

$$\mathcal{L}\mathcal{L}B = \underset{\sim}{E}^{\mu}[\int_{t_n}^{\infty} dt\, e^{-bt}\;\; e^{-at} f_1 \circ \hat{X}_{t_1} \dots f_n \circ \hat{X}_{t_n}\;\; \hat{U}_a h \circ X_t\,]$$

$$= \underset{\sim}{E}^{\mu}[\int_0^{\infty} g \circ X_s\;\; \hat{U}_a\, h \circ X_s\, \underset{\sim}{E}^{X_s}[\, e^{-(a+b)R}\, f_1 \circ \hat{X}_{t_1} \dots f_n \circ \hat{X}_{t_n}]]$$

$$= \int (\mu U_o)(dx)\; g(x)\; \hat{U}_a\, h(x)\, k_{a\,b}\,(x)$$

$$= \mathcal{L}\mathcal{L}A \;.$$

Cela termine la démonstration .

DEPARTEMENT DE MATHEMATIQUE
STRASBOURG

Séminaire de Probabilités — Février 1967

RÉSOLVANTES EN DUALITÉ

(par M. Weil)

I. INTRODUCTION.

Soient E un espace localement compact, à base dénombrable et $\mathcal{T}$ sa tribu borélienne. Nous désignerons par $\mathcal{B}$ (resp. $\mathcal{B}_{\mathcal{K}}$, $\mathcal{C}$, $\mathcal{C}_0$, $\mathcal{C}_{\mathcal{K}}$) l'ensemble des fonctions numériques mesurables (resp. mesurables à support compact, continues, continues et nulles à l'infini, continues et à support compact) sur E. L'exposant $^+$ affecté à ces divers espaces indique que seules les fonctions positives sont considérées (par exemple $\mathcal{C}^+$). Un noyau sur E opèrera à gauche sur les fonctions, à droite sur les mesures (Af, μA, $A(x, dy)$) s'il n'est pas surmonté d'un $\hat{}$; par contre un noyau, avec $\hat{}$, opèrera à droite sur les fonctions et à gauche sur les mesures ($f\hat{A}$, $\hat{A}\mu$, $\hat{A}(dy, x)$). Si μ est une mesure sur E, on désigne par $\langle f, g\rangle_\mu$ l'expression $\int f(x)\, g(x)\, \mu(dy)$ où $f, g \in \mathcal{B}^+$. Les noyaux A et $\hat{A}$ seront dits <u>en dualité</u> par rapport à la mesure positive μ si :

$$\langle f, Ag\rangle_\mu = \langle f\hat{A}, g\rangle_\mu \qquad f, g \in \mathcal{B}^+.$$

Considérons alors deux résolvantes sous markoviennes $(U_p)_{p \geq 0}$ et $(\hat{U}_p)_{p \geq 0}$ et une mesure de Radon positive : m sur E. Le préfixe co- servira à distinguer les objets relatifs à la résolvante $(\hat{U}_p)$ (fonctions, mesures coexcessives...) de ceux relatifs à la résolvante (U_p).

Nous ferons, dans toute la suite, les hypothèses suivantes :

Pour tout $p > 0$:

1) Les mesures $U_p(x, dy)$, $U_p(dy, x)$ sont absolument continues par rapport à m, quel que soit $x \in E$.

2) Les noyaux U_p et $\hat{U}_p$ sont en dualité par rapport à m.

Remarque(1): Ces hypothèses peuvent paraître fortes. En fait il suffit de les supposer pour $p = 0$ et de savoir que l'image de $\mathcal{C}_{\mathcal{K}}$ par U_o et $\hat{U}_o$ est dans $\mathcal{C}_o$.

En effet, supposons d'abord que U_o et $\hat{U}_o$ soient bornés, absolument continus par rapport à m et en dualité par rapport à m. Alors l'hypothèse H est satisfaite : les noyaux U_p et $\hat{U}_p$ majorés par U_o et $\hat{U}_o$ sont absolument continus par rapport à m ; en outre si $f, g \in \mathcal{C}_{\mathcal{K}}^+$ alors les fonctions analytiques réelles $\langle f, U_p g\rangle_m$ et $\langle f\hat{U}_p, g\rangle_m$ coïncident au voisinage de o, donc pour tout $p > 0$. (cf. méthode de Hunt dans Meyer [1] chap. X T 10 page 256).

Supposons ensuite que U_o et $\hat{U}_o$ appliquent $\mathcal{C}_{\mathcal{K}}$ dans $\mathcal{C}_o$ et satisfassent aux hypothèses d'absolue contuinité et de dualité par rapport à m, alors H est encore satisfaite. Soit en effet $a \in \mathcal{C}_o^+$, une fonction strictement positive, telle que $U_o a$ et $a\hat{U}_o$ appartiennent à $\mathcal{C}_o$ et posons

$$a_k = k\, a \wedge 1 \qquad k \in \mathbb{N}$$

$$m_k = a_k \cdot m$$

$$W_o^k f = U_o(a_k f)$$

$$f\hat{W}_o^k = (a_k f)\,\hat{U}_o$$

On sait d'après (Meyer [1], chap. X, T.10) qu'il existe des résolvantes $(W_p^k)_p$, $(\hat{W}_p^k)_p$ telles que :

(1) Remarque due à R. CAIROLI.

$$W_o^k = \lim_{p \downarrow o} W_p^k$$

$$\hat{W}_o^k = \lim_{p \downarrow o} \hat{W}_p^k$$

Or W_o^k et $\hat{W}_o^k$ sont en dualité par rapport à m_k. Si donc f, g éléments de $\mathcal{E}_k^+$ ont leur support dans $\{a_k = 1\}$, on aura d'après ce qui précède :

$$< f \hat{W}_p^k , g >_{m_k} = < f, W_p^k g >_{m_k}$$

puisque W_o^k et $\hat{W}_o^k$ sont bornés ; donc

$$< f \hat{W}_p^k , g >_m = < f, W_p^k g >_m ,$$

puis en faisant tendre k vers l'infini, $f \hat{W}_p^k$ et W_p^k g tendant en décroissant vers $f \hat{U}_p$ et $U_p g$ (Meyer [1], chap X, T.11) on a

$$< f \hat{U}_p, g >_m = < f, U_p g >_m$$

Ces préliminaires étant établis, nous allons montrer plusieurs résultats dûs à H. Kunita et T. Watanabe [1] et [2] . Ces résultats montreront que l'on peut toujours "bien" choisir les densités de U_p et $\hat{U}_p$ par rapport à m. Ils indiqueront également une certaine correspondance entre les mesures excessives et les fonctions coexcessives. Enfin pour terminer on montrera que pour toute mesure n excessive sur E il existe une résolvante $(\hat{V}_p)$ en dualité avec (U_p) par rapport à n.

2. RÉSOLVANTES EN DUALITÉ

Le premier théorème s'énonce :

Théorème 2.1. - (Kunita Watanabe [1]). Les hypothèses sont celles du § 1; on a alors :

1) La mesure m est à la fois surmédiane et cosurmédiane i. e.

$$m\,(p\,U_p) \leq m \text{ et } p\,\hat{U}_p\,m \leq m \qquad \text{pour tout } p$$

2) Pour chaque p>0 il existe une fonction positive mesurable $u_p\,(x, y)$ sur $E \times E$ telle que :

a) $$U_p\,(x, dy) = u_p\,(x, y)\,m\,(dy)$$

$$\hat{U}_p\,(dx, y) = m\,(dx)\,u_p\,(x, y)$$

b) pour tout x, la fonction $u_p\,(x, \cdot)$ est p-coexcessive, la fonction $u_p\,(\cdot, x)$ est p-excessive. Une telle fonction est unique et

c) si p<q $$u_p\,(x, y) = u_q\,(x, y) + (q - p) \int u_p\,(x, z)\,m\,(dz)\,u_q\,(z, y)$$

$$= u_q\,(x, y) + (q - p) \int u_q\,(x, z)\,m\,(dz)\,u_p\,(z, y).$$

Nous énoncerons d'abord un lemme qui est évident :

Lemme : Si la fonction mesurable f est m-négligeable alors on a $U_p\,f\,(x) = 0$ et $f\,\hat{U}_p\,(x) = 0$ pour tout x. En particulier $U_q\,f = f\,\hat{U}_q = 0$ pour tout q.

Il en résulte immédiatement que deux fonctions p-excessives (resp. p-coexcessives) égales m-p.p. sont égales partout.

De ceci déduisons l'unicité de la fonction u_p du théorème 2.1. Considérons deux fonctions u_p et u'_p satisfaisant au théorème 2.1. 2 a) et 2 b). Si $f \in \mathcal{B}^+$ on a alors :

$$U_p\,f\,(x) = \int u_p\,(x, y)\,f(y)\,m\,(dy)$$

$$\int u'_p\,(x, y)\,f(y)\,m\,(dy)$$

donc :

$$u_p(x,\cdot) = u'_p(x,\cdot) \qquad m \text{ p.p.}$$

donc partout puisque ce sont des fonctions p-excessives.

Démonstration du Théorème :

1) Soit f un élément de $\mathcal{B}^+$; on a

$$m(pU_p)f = \langle m(pU_p), f\rangle = \langle m, pU_p f\rangle = \langle 1, pU_p f\rangle_m$$

$$= \langle 1(p\hat{U}_p), f\rangle_m$$

$$\leq \langle 1, f\rangle_m \qquad \text{d'après le caractère sous markovien}$$

$$= \langle m, f\rangle$$

d'où $m(pU_p) \leq m$. On montre de même : $p\hat{U}_p m \leq m$.

2) Montrons maintenant l'existence d'une fonction u_p satisfaisant au théorème. Si F est une fonction mesurable sur $E \times E$ on posera :

$$U_p F(x,y) = \int U_p(x,dz)\,F(z,y)$$

$$F\hat{U}_p(x,y) = \int F(x,z)\,\hat{U}_p(dz,y).$$

Ces fonctions sont encore mesurables sur $E \times E$.

Choisissons une fonction $v_p(x,y)$ positive mesurable sur $E \times E$ telle que

$$U_p(x,dy) = v_p(x,y)\,m(dy) \qquad \text{ou encore}$$

$$U_p f(x) = \langle v_p(x,\cdot), f\rangle_m \qquad \text{si } f \in \mathcal{B}^+$$

Si $f \in \mathcal{B}^+$ on aura :

$$q < v_p(x,\cdot)\,\hat{U}_{p+q},\ f >_m = q < v_p(x,\cdot),\ U_{p+q} f >_m$$

$$= q\, U_p\, U_{p+q}\, f(x)$$

$$= q\, U_{p+q}\, U_p\, f(x)$$

(2.1)

$$\leq U_p\, f(x)$$

$$= < v_p(x,\cdot), f >_m$$

Donc

$$v_p(x,\cdot)\,(q\,\hat{U}_{p+q}) \leqslant v_p(x,\cdot) \qquad \text{m-p.p.}$$

La fonction $v_p(x,\cdot)$ est donc "m-presque p-cosurmédiane" , on en déduit que la fonction

$$u_p(x,\cdot) = \lim_{q \uparrow \infty} v_p(x,\cdot)\,(q\,\hat{U}_{p+q})$$

existe (limite croissante) et est <u>p-coexcessive</u>. La démonstration est la même que lorsque $v_p(x,\cdot)$ est cosurmédiane et on a $v_p(x,\cdot) = U_p(x,\cdot)$ sauf sur un ensemble de copotentiel nul. Enfin la fonction $u_p(x,y)$ est évidemment mesurable sur $E \times E$.

Alors la formule (2.1.) :

$$< v_p(x,\cdot)\, q\, \hat{U}_{p+q},\ f >_m = q\, U_{p+q}\, U_p\, f(x).$$

donne par passage à la limite lorsque $q \uparrow \infty$.

(2.2). $$< u_p(x,\cdot),\ f >_m = U_p\, f(x).$$

donc

$$U_p(x, dy) = u_p(x,y)\, m(dy)$$

et par conséquent u_p <u>est une densité à droite de</u> U_p.

Si f, $g \in \mathcal{B}^+$, on a d'après (2.2).

$$\int m(dx)\, g(x)\, u_p(x,y)\, f(y)\, m(dy) = \int g(x)\, U_p(x,f)\, m(dx)$$

$$= \langle g, U_p f \rangle_m$$

$$= \langle g \hat{U}_p, f \rangle_m$$

donc

$$g \hat{U}_p (y) = \int m(dx)\, g(x)\, u_p(x,y) \qquad m - p.p.$$

Il suffit alors d'appliquer l'opérateur $q \hat{U}_{p+q}$ au deux membres

$$g \hat{U}_p (q \hat{U}_{p+q})(y) = \int m(dx)\, g(x)\, u_p(x,z)\, q(\hat{U}_{p+q})(dz, y)$$

et de faire tendre q vers l'infini pour avoir :

$$g \hat{U}_p (y) = \int m(dx)\, g(x)\, u_p(x,y).$$

car $u_p(x, \cdot)$est p-coexcessive. La fonction <u>u_p est donc densité à gauche pour $\hat{U}_p$</u>.

Il reste à montrer que $u_p(\cdot, y)$ est p-excessive. Or

$$u_p(x,y)(q \hat{U}_{p+q}) = q \int u_p(x,z)\, m(dz)\, (q\, u_{p+q}(z,y))$$

$$= q\, U_p(u_{p+q}(x,y)).$$

Le deuxième membre, donc le premier, est une fonction p-excessive. Mais si $q \uparrow \infty$ le premier membre tend en croissant vers $u_p(x, \cdot)$, et comme la limite d'une suite croissante de fonctions p-excessivesest p-excessive, on en déduit que $u_p(\cdot, y)$ est p-excessive.

Enfin, pour x fixé et $p<q$, l équation résolvante en U_p donne :

$$u_p(x,y) = u_q(x,y) + (q-p) \int u_p(x,z)\, m(dz)\, u_q(z,y) \qquad m\text{ - p.p.}$$

mais les deux membres sont des fonctions q-coexcessives (en y). Ils sont donc égaux partout, ce qui achève la démonstration.

Remarque : Cette dernière relation entraîne que u_p croit avec $\frac{1}{p}$. On en déduit l'existence de la densité u_o de U_o et $\hat{U}_o$ par rapport à m.

3. RELATION ENTRE MESURES EXCESSIVES ET FONCTIONS COEXCESSIVES.

Si μ est une mesure positive sur E et si

$$\mu \hat{U}_p(y) \equiv \int \mu(dx)\, u_p(x,y)$$

alors il est clair que cette fonction $\mu \hat{U}_p$ est p-coexcessive et que c'est une densité de la mesure excessive μU_p par rapport à m. On a la réciproque suivante.

Théorème 3.1. - (Kunita et T. Watanabe [2]). Soit n une mesure de Radon positive sur E, excessive par rapport à la résolvante (U_p) i.e. :

(3.3) 1) $n(pU_p) \leq n$ pour tout $p > 0$

:

(3.4) 2) $\lim_{p \uparrow \infty} n(pU_p) = n$ (voir remarque plus loin).

Il existe alors une fonction v coexcessive unique telle que :

$$n(dx) = v(x)\, m(dx).$$

Remarque : les mesures $n(pU_p)$ croissent avec p (d'après (3.3) et l'équation résolvante). Il existe donc une mesure $\bar{n}$ telle que :

$$\langle n\,(pU_p),\ f\rangle \xrightarrow[p\uparrow\infty]{} \langle \bar{n}, f\rangle \qquad f \in \mathcal{B}^+$$

Si de plus, on suppose que $p\,U_p\,f \xrightarrow[p\uparrow\infty]{} f$ pour $f \in \mathcal{C}_{\mathcal{K}}^+$ alors on a d après le lemme de Fatou :

$$\lim_p \inf \langle n(p\,U_p),\ f\rangle \geqslant \langle n, f\rangle$$

donc $n \leqslant \bar{n}$ et par suite $n = \bar{n}$. Dans ce cas la condition (3. 4) est inutile.

Démonstration du théorème :

Posons :

$$v_p\,(y) = p \int n\,(dx)\ u_p\,(x, y)\ .$$

C'est une fonction p-coexcessive et on a

$$n\,(p\,U_p)\,(dy) = v_p\,(y)\ m\,(dy).$$

Comme $n\,(p\,U_p)$ croit avec p, la relation $p \leqslant q$ entraine $v_p \leqslant v_q$ m-p. p. mais les deux membres sont des fonctions q-coexcessives, par conséquent $v_p \leqslant v_q$ partout. Donc la fonction :

$$v = \lim_{p\uparrow\infty} v_p$$

existe, et on vérifie que c'est une densité de n par rapport à m. De plus c'est une fonction coexcessive : en effet si $f \in \mathcal{B}^+$:

$$\begin{aligned}\langle v_p\,(q\,U_q),\ f\rangle_m &= \langle v_p\ ,\ q\,U_q\,f\rangle_m \\ &= \langle n\,(p\,U_p)\ ,\ q\,U_q\,f\rangle \\ &\leqslant \langle n,\ q\,U_q\,f\rangle \\ &= \langle n\,(q\,U_q)\ ,\ f\rangle \\ &= \langle v_q\ ,\ f\rangle_m \\ &\leqslant \langle v\ ,\ f\rangle_m\end{aligned}$$

Lorsque $p \uparrow \infty$ on aura :

$$\langle v(q\hat{U}_q), f \rangle_m \leqslant \langle v, f \rangle_m$$

donc

$$v(q\hat{U}_q) \leqslant v \qquad m\text{-p.p.}$$

Par conséquent la fonction w :

$$w = \lim_{q\uparrow\infty} v(q\hat{U}_q) = \lim_{q\uparrow\infty} \lim_{p\uparrow\infty} v_p(q\hat{U}_q)$$

est coexcessive. Comme les deux limites sont croissantes, on peut les intervertir :

$$\begin{aligned} w &= \lim_{p\uparrow\infty} \lim_{q\uparrow\infty} v_p(q\hat{U}_q) \\ &= \lim_{p\uparrow\infty} \lim_{r\uparrow\infty} v_p((p+r)\hat{U}_{p+r}) \\ &= \lim_{p\uparrow\infty} \lim_{r\uparrow\infty} v_p(r\hat{U}_{p+r}) \\ &= v \end{aligned}$$

c. q. f. d.

4. CHANGEMENT DE MESURE DE BASE.

Le théorème 3.2 va nous permettre de déduire le

Théorème 4.1 (H. Kunita et T. Watanabe [2]). Soit n une mesure de Radon positive sur E. Il existe alors une résolvante $(\hat{V}_p)$ sur E en dualité avec la résolvante (U_p) par rapport à la mesure n.

Démonstration : Posons

$$\hat{V}_p(dx, y) = \begin{cases} v(x)\, \hat{U}_p(dx, y) \dfrac{1}{v(y)} & \text{si } y \in \{0 < v < \infty\} \\ 0 & \text{si } y \in \{v = 0\} \\ \dfrac{1}{p}\, \varepsilon_y(dx) & \text{si } y \in \{v = \infty\} \end{cases}$$

Nous avons :

$$f \hat{V}_p (y) = \begin{cases} (f\,v)\,\hat{U}_p (y) \frac{1}{V(y)} & \text{si } y \in \{0 < v < \infty\} \\ 0 & \text{si } y \in \{v = 0\} \\ \frac{1}{p} f(y) & \text{si } y \in \{v = \infty\} \end{cases}$$

$(\hat{V}_p)$ est bien une résolvante : en effet il suffit de vérifier l'équation résolvante :

$$f \hat{V}_p - f \hat{V}_q + (p - q) f \hat{V}_p \hat{V}_q = 0 \qquad f \in \mathcal{B}^+.$$

Or si $y \in \{v = 0\}$ c'est évident, si $y \in \{v = \infty\}$ on a :

$$\begin{aligned} (q - p) f \hat{V}_p \hat{V}_q (y) &= (q - p) \frac{1}{p\,q} f(y) \\ &= \left(\frac{1}{p} - \frac{1}{q}\right) f(y) \\ &= f \hat{V}_p (y) - f \hat{V}_q (y), \end{aligned}$$

tandis que lorsque $y \in \{0 < v < \infty\}$:

$$\begin{aligned} f \hat{V}_p \hat{V}_q (y) &= \int f \hat{V}_p (x) \hat{V}_q (dx, y) \\ &= \int' f \hat{V}_p (x)\; v(x)\; \hat{U}_q (dx, y) \frac{1}{v(y)} \\ &= \int_{\{0 < v < \infty\}} f \hat{V}_p (x)\; v(x)\; \hat{U}_q (dx, y) \cdot \frac{1}{v(y)} \qquad \text{car } \{v = \infty\} \text{ est m-négligeable} \\ &= \int_{\{0 < v < \infty\}} (f\,v)\, U_p (x) \frac{1}{v(x)}\; v(x)\; U_q (dx, y) \frac{1}{v(y)} \end{aligned}$$

Mais $v \hat{U}_p = 0$ sur $\{v = 0\}$ puisque $v (p \hat{U}_p) \leq v$. D'autre part

On a : $f\,v = v$ sur $\{v = 0\}$, donc $f\,v = \sup_{k\uparrow\infty} ((f\,v)\wedge k\,v)$, d'où

$$(f\,v)\,\hat{U}_p = v\,\hat{U}_p = 0 \text{ sur } \{v = 0\}$$

Par conséquent

$$f\,\hat{V}_p\,\hat{V}_q\,(y) = \int (f\,v)\,\hat{U}_p\,(x)\,\hat{U}_q\,(dx, y)\,\frac{1}{v\,(y)}$$

$$= \frac{(f\,v)\,\hat{U}_q\,(y) - (f\,v)\,\hat{U}_p\,(y)}{p - q} \cdot \frac{1}{v\,(y)}$$

$$= \frac{1}{p - q}\,(\,(f\,v)\,\hat{V}_q\,(y) - (f\,v)\,\hat{V}_p\,(y)\,) \quad \text{si } y \in \{0 < v < \infty\}$$

(V_p) est donc bien une résolvante et il est clair qu'elle est sous markovienne.

Il reste à montrer la propriété de dualité.

$$\langle f\,\hat{V}_p, g\rangle_n = \langle f\,\hat{V}_p, g\,V\rangle_m \qquad f, g \in \mathcal{B}^+$$

$$= \int_E f\,\hat{V}_p\,(y)\,g\,(y)\,v\,(y)\,m\,(dy)$$

$$= \int_{\{0 < v < \infty\}} (f\,v)\,\hat{U}_p\,(y)\,\frac{1}{v\,(y)}\,g\,(y)\,v\,(y)\,m\,(dy)$$

$$= \int_E (f\,v)\,\hat{U}_p\,(y)\;g\,(y)\,m\,(dy)$$

par le même raisonnement que ci-dessus. Donc :

$$\langle f\,\hat{V}_p, g\rangle_n = \langle (f\,v)\,\hat{U}_p, g\rangle_m$$

$$= \langle f\,v, U_p\,g\rangle_m$$

$$= \langle f, U_p\,g\rangle_n$$

Q. E. D.

BIBLIOGRAPHIE

H. KUNITA ET T. WATANABE :

[1] Markoff processes and Martin boundaries : Ill. J. of Math. n° 9, 1965 (485-526).

[2] On certain reversed processes and their applications to potential theory and boundary theory : J. of Math and Mech. n° 15,1966 (393-434).

P.A. MEYER :

[1] Probabilités et potentiel, Hermann, Paris, 1966.

Offsetdruck: Julius Beltz, Weinheim/Bergstr.

Lecture Notes in Mathematics

Bisher erschienen/Already published

Vol. 1: J. Wermer, Seminar über Funktionen-Algebren. IV, 30 Seiten. 1964. DM 3,80

Vol. 2: A. Borel, Cohomologie des espaces localement compacts d'après J. Leray. IV, 93 pages. 1964. DM 9,–

Vol. 3: J. F. Adams, Stable Homotopy Theory. 2nd. revised edition. IV, 78 pages. 1966. DM 7,80

Vol. 4: M. Arkowitz and C. R. Curjel, Groups of Homotopy Classes. 2nd. revised edition. IV, 36 pages. 1967. DM 4,80

Vol. 5: J.-P. Serre, Cohomologie Galoisienne. Troisième édition. VIII, 214 pages. 1965. DM 18,–

Vol. 6: H. Hermes, Eine Termlogik mit Auswahloperator. IV, 42 Seiten. 1965. DM 5,80

Vol. 7: Ph. Tondeur, Introduction to Lie Groups and Transformation Groups. VIII, 176 pages. 1965. DM 13,50

Vol. 8: G. Fichera, Linear Elliptic Differential Systems and Eigenvalue Problems. IV, 176 pages. 1965. DM 13.50

Vol. 9: P. L. Ivănescu, Pseudo-Boolean Programming and Applications. IV, 50 pages. 1965. DM 4,80

Vol. 10: H. Lüneburg, Die Suzukigruppen und ihre Geometrien. VI, 111 Seiten. 1965. DM 8,–

Vol. 11: J.-P. Serre, Algèbre Locale. Multiplicités. Rédigé par P. Gabriel. Seconde édition. VIII, 192 pages. 1965. DM 12,–

Vol. 12: A. Dold, Halbexakte Homotopiefunktoren. II, 157 Seiten. 1966. DM 12,–

Vol. 13: E. Thomas, Seminar on Fiber Spaces. IV, 45 pages. 1966. DM 4,80

Vol. 14: H. Werner, Vorlesung über Approximationstheorie. IV, 184 Seiten und 12 Seiten Anhang. 1966. DM 14,–

Vol. 15: F. Oort, Commutative Group Schemes. VI, 133 pages. 1966. DM 9,80

Vol. 16: J. Pfanzagl and W. Pierlo, Compact Systems of Sets. IV, 48 pages. 1966. DM 5,80

Vol. 17: C. Müller, Spherical Harmonics. IV, 46 pages. 1966. DM 5,–

Vol. 18: H.-B. Brinkmann und D. Puppe, Kategorien und Funktoren. XII, 107 Seiten. 1966. DM 8,–

Vol. 19: G. Stolzenberg, Volumes, Limits and Extensions of Analytic Varieties. IV, 45 pages. 1966. DM 5,40

Vol. 20: R. Hartshorne, Residues and Duality. VIII, 423 pages. 1966. DM 20,–

Vol. 21: Seminar on Complex Multiplication. By A. Borel, S. Chowla, C. S. Herz, K. Iwasawa, J.-P. Serre. IV, 102 pages. 1966. DM 8,–

Vol. 22: H. Bauer, Harmonische Räume und ihre Potentialtheorie. IV, 175 Seiten. 1966. DM 14,–

Vol. 23: P. L. Ivănescu and S. Rudeanu, Pseudo-Boolean Methods for Bivalent Programming. 120 pages. 1966. DM 10,–

Vol. 24: J. Lambek, Completions of Categories. IV, 69 pages. 1966. DM 6,80

Vol. 25: R. Narasimhan, Introduction to the Theory of Analytic Spaces. IV, 143 pages. 1966. DM 10,–

Vol. 26: P.-A. Meyer, Processus de Markov. IV, 190 pages. 1967. DM 15,–

Vol. 27: H. P. Künzi und S.T. Tan, Lineare Optimierung großer Systeme. VI, 121 Seiten. 1966. DM 12,–

Vol. 28: P. E. Conner and E. E. Floyd, The Relation of Cobordism to K-Theories. VIII, 112 pages. 1966. DM 9.80

Vol. 29: K. Chandrasekharan, Einführung in die Analytische Zahlentheorie. VI, 199 Seiten. 1966. DM 16.80

Vol. 30: A. Frölicher and W. Bucher, Calculus in Vector Spaces without Norm. X, 146 pages. 1966. DM 12,–

Vol. 31: Symposium on Probability Methods in Analysis. Chairman: D.A.Kappos. IV, 329 pages. 1967. DM 20,–

Vol. 32: M. André, Méthode Simpliciale en Algèbre Homologique et Algèbre Commutative. IV, 122 pages. 1967. DM 12,–

Vol. 33: G. I. Targonski, Seminar on Functional Operators and Equations. IV, 112 pages. 1967. DM 10,–

Vol. 34: G. E. Bredon, Equivariant Cohomology Theories. VI, 64 pages. 1967. DM 6,80

Vol. 35: N. P. Bhatia and G. P. Szegö, Dynamical Systems: Stability Theory and Applications. VI, 416 pages. 1967. DM 2

Vol. 36: A. Borel, Topics in the Homology Theory of Fibre Bundles. IV, 95 pages. 1967. DM 9,–

Vol. 37: R. B. Jensen, Modelle der Mengenlehre VIII, 176 Seiten. 1967. DM 14,–

Vol. 38: R. Berger, R. Kiehl, E. Kunz und H.-J. Nastold, Differentialrechnung in der analytischen Geometrie IV, 134 Seiten. 1967. DM 12,–